KB139328

진실 혹은 거짓

한림SA 06

SCIENTIFIC AMERICAN™

놀랍고도 유용한
58가지 기상천외 과학 상식 이야기

진실 혹은 거짓

사이언티픽 아메리칸 편집부 엮음
김지선 옮김

Science Tackles 58 Popular Myths

Fact or Fiction

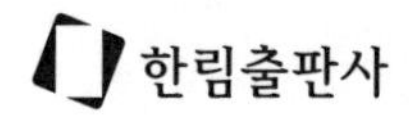

들어가며

허구보다 기묘한

"실제는 허구보다 기묘하다. 허구는 타당성이 있어야 하지만 실제는 안 그래도 되기 때문이다." - 마크 트웨인

우리가 매일 접하는 근거 없는 낭설들은 때로 놀랍도록 그럴싸하다. 민간요법, 할머니들의 옛날이야기와 도시 전설들은 대중성의 지원을 받고 있다. 설마 그 많은 사람이 다 틀렸을까, 하는 효과다. (그렇다, 틀릴 수 있다.) 또 어떤 이야기는 너무 터무니없어서 그 터무니없음 자체가 신빙성의 근거가 된다. 그런 말도 안 되는 이야기를 무슨 수로 지어내겠어, 하는 효과다. (상상력이 있으면 가능하다.) 이유야 어떻든 불신을 잠시 미뤄놓고 기묘하고 비범한 가능성을 고려해볼 수 있다는 것은 인류라는 종이 가진 최고의 장점이다. 단, 더러 출처를 제대로 확인하지 않는다는 것은 최고의 장점이라 할 수 없다.

《사이언티픽 아메리칸》의 '진실 혹은 거짓'과 '이상하지만 진짜임' 칼럼을 보자. 이 짧고 재미있는 칼럼들은 〈호기심해결사(Mythbusters)〉와* 스노프스닷컴(snopes.com)처럼** 흔한 설들의 진위를 밝히는 것이 목적이다. 이 책《진실 혹은 거짓 : 놀랍고도 유용한 58가지 기상천외 과학 상식 이야기》에는 지난 몇 년간 우리 필자들이 다룬 놀랍고도 매혹적이며 유용한, 말 그대로 기상천외한 주제들이 실려 있다. 우리

*다양한 설들을 과학적으로 검증하는, 미국의 대중 과학 텔레비전 프로그램.
**소문 검증 사이트.

는 개인 건강(비타민을 한 움큼씩 챙겨 먹거나 물을 억지로 마시는 것)에서 희한한 동물(이를테면 좀비 바퀴벌레), 그리고 빌 게이츠 정도의 부자가 아니면 살 수 없다는 나사의 볼펜까지, 흔한 설들의 진실을 밝힌다.

1장 '동물의 왕국'은 우리와 함께 살고 있는 지구 동료들의 복잡하고 놀라운 특성을 살펴본다. 동정 잉태는 성경에만 나오는 이야기가 아니다. 오징어는 굉장한 능력을 가졌다. 고래 분비물은 비록 황금처럼 반짝이지 않을지언정 그에 못지않은 값어치가 있다. 그리고 먹다 남은 밸런타인 초콜릿을 개에게 주는 것은 금물이다.

2장 '부모와 아이'는 아직 태어나지 않은 아기를 위해 모차르트 모음집을 사야 할지 말아야 할지, 아빠가 모유 수유를 도울 수 있을지에 관해 조언한다. 5장 '건강과 생활 습관', 6장 '신체', 7장 '마음과 뇌'에서는 우리 자신과 건강에 관련된 우리의 상식이 얼마나 사실을 바탕으로 하는지 살펴본다. 예를 들어 해파리에 쏘인 데 소변을 보면 안 된다. 그랬다가는 고통을 덜기는커녕 메스꺼움만 더하게 될 테니까.

지구와 우주에 매력을 제공하는 것은 그 거주민만이 아니다. 3장 '지구와 우주'에서는 지구와 우주 그 자체의 놀라움을 다룬다. 적도 이남에서는 정말 화장실 변기 물이 북반구와 반대 방향으로 도는지, 블랙홀이 노래를 부르는지(신청곡도 받으려나?) 알아보자. 마지막으로 8장 '기타 등등'에서는 어디 가서 유식한 척하기 딱 좋은 잡다한 지식들을 다룬다.

메리엄-웹스터 사전에 따르면, 과학이란 "일반적 진실들을 다루는 지식 체계"이다. 《사이언티픽 아메리칸》에서는 양자역학이든 껌 삼키기든 모든 주제에서 진실과 허구를 가리고자 끊임없이 노력하고 있다. 이 책은 우리의 쉼 없는 진실 탐구의 노력에서 얻은 작은 결과물에 지나지 않는다. 부디 여러분이 이 짧은 책을 즐기기를 바라며, 미신 타파에 직접 도전하는 여러분에게 응원을 보낸다.

– 편집자 해나 슈미트

CONTENTS

1

동물의 왕국

1-1 초콜릿은 개에게 독이다

앨리슨 스나이더

흔히 소형견은 M&M's 초콜릿 한 줌만 먹어도 그 즉시 저승행이라고들 한다. 하지만 2킬로그램 정도 나가는 내 친구의 치와와 '무스'가 달콤한 간식을 달라고 조르며 거실을 뛰어다니는 것을 보고 있자니, 문득 궁금해진다. '초콜릿이 정말 개한테 독일까?'

개는 인간과 입맛이 비슷하다. 개도 우리처럼 단것을 좋아하고 마음껏 탐닉한다. 그렇지만 초콜릿은 인간과 달리 우리 친구인 개에게 위험한 영향을 미친다. 초콜릿은 개에게 중독 증상을 일으키고, 때로는 목숨을 위협할 수도 있다. 그러나 콜로라도주립대학교의 수의학자 팀 해켓(Tim Hackett)에 따르면, 그 위험은 다소 과장된 것이라고 한다. 초콜릿의 위험성은 양과 질에 달렸다. 큰 개는 보통 소량의 초콜릿을 먹어도 괜찮지만, 같은 양이라도 무스처럼 작은 종에게는 문제가 될 수 있다.

초콜릿은 쓴맛이 나는 카카오나무 열매의 씨앗을 가공해 만드는데, 그 씨앗에는 메틸산틴(methylxanthine)이라는 화합물이 들어 있다. 카페인과 관련된 화합물인 테오브로민(theobromine)도 같은 과에 속한다. 두 분자 다 세포 표면의 수용체에 붙어서 원래 거기 들러붙어야 할 천연 화합물을 막는다. 소량의 메틸산틴은 개에게 구토나 설사를 유발하지만 인간에게는 행복감을 줄 수 있다. 초콜릿에는 상당량의 테오브로민과, 그보다 소량의 카페인이 들어 있다. 다량의 테오브로민 또는 카페인을 섭취한 개는 근육 경련이나, 심하면 발작도 일으킬 수 있다. 초콜릿의 성분인 이런 화학물질은 개의 심박률을 정상의 두 배로 높일 수 있으며, 일부 개는 마치 "에스프레소 한 드럼통"을 마신 것처럼 마구 뛰어다니기도 한다고, 해켓은 말한다. 무스는 '테오브로민 과다'였던 것 같다.

소량의 초콜릿이라면 개도 감당할 수 있지만, 중요한 것은 개의 체중과 초콜릿의 종류다. 감미료를 첨가하지 않은 제빵용 초콜릿의 테오브로민 함량은 밀크초콜릿의 무려 여섯 배나 된다. (단, 초콜릿 브랜드와 카카오 열매의 종류에 따라 함량은 아주 다를 수 있다.) 미국동물학대방지협회(ASPCA) 동물독극물단속센터(Animal Control Poison Center)에 따르면, 무스처럼 작은 개에게 밀크초콜릿 113그램 이상은 위험할 수 있다.

콜로라도주립대학교 수의과병원에서는 단것과 관련된 기념일들, 이를테면 밸런타인데이, 부활절, 크리스마스 때마다 적어도 서너 마리의 개가 밤새 입원실 신세를 진다. 그렇지만 해켓은 수의사로서 동물을 치료해온 16년 동안 개가 초콜릿 중독으로 죽은 경우는 한 번밖에 보지 못했다면서, 그 개는 아마도 다른 병이 있어서 초콜릿의 심박률 상승효과가 좀 더 치명적이었을 것이라고 짐작한다.

초콜릿이 소량이면 개의 몸에서 메틸산틴을 알아서 걸러 내보내므로 대개는 병원을 찾을 일이 없다. 그러나 좀 더 심하게 중독된 개는 보통 구토를 유발한 후 장에 남은 메틸산틴이 소화계를 돌아다니지 못하게 활성탄을 투여해

흡착시키는 방법으로 치료한다.

결국 무스는 코코아 간식을 먹고도 살아남았다. 하지만 굽든 감싸든 녹이든, 무슨 수를 쓰든 무스에게 초콜릿은 쓰디쓴 뒷맛만 남길 것이다.

1-2 코모도왕도마뱀이 동정출산의 가능성을 입증하다

필립 얍

인도네시아의 도마뱀은 수컷 없이도 생식이 가능하다. 연구진은 유럽 전역의 코모도왕도마뱀 중에서 성적으로 성숙한 두 마리의 암컷이 수컷의 수정 없이 생육 가능한(viable) 알을 낳았다고 《네이처》에 보고했다. 그중 잉글랜드의 체스터동물원에 사는 '플로라'는 단 한 번도 수컷과 같이 있어본 적이 없지만, 2006년에 플로라가 낳은 11개 알 중 여덟은 부화하여 지금 전 세계 동물원에 흩어져 살고 있다. 또한 (지금은 세상을 떠났지만) 런던동물원 출신의 '숭가이'는 같은 해에 그보다 앞서 한배에 22개의 알을 낳았는데, 그중 넷은 정상적인 수컷 도마뱀으로 자랐다. 숭가이는 2년 반 동안 데이트 한 번 못 해본 처지였다.

어떤 파충류는 정자를 몇 년간 품을 수 있으므로, 처음에 연구진은 숭가이의 알들에게 아비가 있을 것으로 추정했다. 하지만 유전자 분석 결과 그 가능성은 사라졌다. 단, 아비가 유전적으로 숭가이와 동일하지 않은 한. (숭가이는 나중에 수컷과 짝짓기를 해서 정상적으로 수정된 알들을 낳았으니, 행여 동정으로 죽었다고 동정하진 마시길.)

이러한 '동정출산'은 의혹의 눈길을 받았는데, 단위생식(parthenogenesis)이라는 이 무성생식 방법이 척추동물에게서는 매우 드물게 나타나기 때문이다. 오로지 약 70종의 척추동물(전체 척추동물의 약 0.1퍼센트)에게만 가능한 방법이다. 생물학자들은 일부 도마뱀이 단위생식을 할 수 있음을 이미 알았지만, 코모도왕도마뱀에게서 실제로 그 현상을 목격한 동물원 관리인은 깜짝 놀랄 수밖에 없었다.

이 자손에게는 어미밖에 없지만, 그럼에도 이들은 어미의 클론이 아니다. 부화하지 않은 알들은 어미 유전자의 절반밖에 갖지 못했기 때문이다. 나머지 절반은 아마도 정자에게서 받았어야 했으리라. 단위생식에서는 어미 염색체 한 세트의 절반이 두 배로 분열해 한 세트를 만든다. 따라서 자손은 모든 유전자를 어미로부터 얻되, 어미 게놈의 복제본은 아니다.

코모도왕도마뱀은 성 결정에서도 흥미로운 반전을 보여준다. 우리는 여자를 (X염색체만 두 개인) XX, 남자를 XY로 생각하지만, 이 거대한 왕도마뱀은 반대다. 두 개의 성염색체가 같으면 수컷 코모도가 되고, 서로 다르면 암컷이 된다. 생물학자들은 코모도의 성염색체를 각각 W와 Z로 표현하므로, ZZ는 수컷이 되고 WZ는 암컷이 된다. 조류과 일부 곤충, 그리고 몇몇 다른 종의 도마뱀 또한 이러한 성 구분 체계를 따른다. (일부 파충류의 배아는 성염색체가 없고, 부화 온도로 성이 결정된다. 유명한 예로 크로커다일과 거북이 있다.)

코모도 암컷의 각 알은 W 또는 Z를 하나씩 갖는다. 따라서 단위생식으로 만들어진 배아는 WW나 ZZ를 갖게 된다. WW를 가진 알은 생육이 불가능하므로 사멸하지만(인간에게서 YY가 올바른 조합이 아니듯이), ZZ는 생육이 가능하다. 따라서 지금까지 갓 부화한 모든 코모도는 수컷(ZZ)이었고, 앞으로도 그럴 것이다.

이들 코모도왕도마뱀의 경우, 난자 유전자의 2배화(doubling)는 기본적으로 정자가 아니라 다른 난자와의 수정을 통해 일어나야 한다. 난자형성(oogenesis), 즉 난자 세포를 만드는 생물학적 과정에서는 대체로 극세포(polar body, 난자 DNA의 한 복제본이 포함된 일종의 소형 난자)도 같이 만들어진다. 이 극세포는 보통 쭈그러들어 사라진다. 그렇지만 코모도의 경우에는 극세포가 정자 역할을 해서 난자를 배아로 변화시킨 것이 분명했다.

코모도왕도마뱀이 유성생식과 단위생식 모두를 할 수 있게 된 것은 아마도 천연 서식지가 고립되었기 때문이리라. 코모도왕도마뱀은 인도네시아 다도해의 섬들에 산다. 연구자들은 고립된 상황에서 단위생식에 의존하는 다른 종들을 본 적이 있다. 아조레스제도의 물잠자리 역시 그렇다. 연구자들은 어쩌면 폭풍에 휘말려 이웃 해변에 혼자 쓸려 온 암컷 도마뱀이 그곳에 새로운 군락을 만든 것이 아닐까 짐작한다.

고등학교 생물 교과서는 단위생식에 대해 보통 소형 무척추동물에게 국한된 희귀한 현상으로 대충 다루고 넘어가곤 한다. 그렇지만 그 현상은 요 몇 년 사이 주목을 끌게 되었는데, 과학 연구에서 단위생식의 유용성이 발견된 덕분이다. 일부 과학자는 그 현상을 이용해 배아 줄기세포 연구에 따라붙는 윤리적 우려를 피하고 싶어한다. 과학자들은 수정되지 않은 인간 난자를 찔러서, 마치 정자가 침투한 것처럼 속여 난자 분열을 일으킬 수 있다. 속아 넘어간 난자들은 결국 자연 소멸하지만 그전에 분열을 계속해 세포가 50~100개까지 늘어나는 배반포(胚盤胞) 상태에 들어선다.

1-2

이론적으로는 그 세포분열을 유지하는 것이 가능할 수도 있다. 2004년 일본 과학자들은 수정된 난자의 상세한 발달 과정을 밝히기 위해 몇 가지 유전적 술수를 이용해 아비 없는 생쥐를 만들었다. 그 발생 과정은 2,000년 전쯤 베들레헴의 작은 마을에서 일어난 일과는 다를 텐데, 이 경우는 아마도 '젊은 여자' 또는 '아가씨'라는 말이 '처녀'로 오역된 결과로 보는 편이 더 타당하리라. 그렇지만 단위생식이라는 코모도왕도마뱀의 놀라운 능력이 보여주듯이, 자연은 우리에게 배우자 없이도 견디는 방법에 관해 가르쳐줄 것이 많다.

1-3 바퀴벌레는 머리를 떼어내도 죽지 않는다

찰스 최

바퀴벌레는 끈질긴 생명력으로 유명하고, 핵전쟁이 일어나도 마지막까지 살아남을 생물로 거론되곤 한다. 심지어 바퀴벌레는 머리를 떼어내도 죽지 않는다고 주장하는 사람들도 있다. 알고 보니 이런 아마추어 곤충 전문가들(과 진짜 전문가들)은 옳았다. 바퀴벌레는 머리가 없어도 몇 주는 살 수 있다.

바퀴벌레(와 다른 많은 벌레)가 어떻게 머리를 떼어내도 살 수 있는지를 이해하려면 인간이 왜 그럴 수 없는지를 이해하는 것이 도움이 된다고, 매사추세츠대학교 애머스트캠퍼스의 생리학자 겸 생화학자로 바퀴벌레의 발달을 연구하는 조지프 쿤켈(Joseph Kunkel)은 말한다. 우선 인간은 머리가 잘리면 출혈이 일어나고 혈압이 떨어져 주요 조직으로 산소와 양분이 공급되지 않는다. "출혈로 사망하는 거죠." 쿤켈의 설명이다.

게다가 인간은 입이나 코로 숨을 쉬고 뇌에서 그 핵심 기능을 통제하므로, 호흡이 멈출 것이다. 더욱이 인간 신체는 머리 없이는 먹을 수도 없다. 머리가 없는 데 따른 다른 악영향을 견딘다 해도 굶주림 때문에 얼마 못 가 죽을 운명이다.

그렇지만 바퀴벌레는 인간과 달리 혈압이 없다. "바퀴벌레는 인간처럼 거대한 혈관계를 갖지 않습니다. 인체에서 혈류의 막중한 압박을 분산시켜주는 모세혈관도 없지요." 쿤켈은 말한다. "그들은 개방된 순환계를 가지므로 압력이 훨씬 적습니다."

"머리를 떼어내고 나면, 목은 종종 그냥 응고되어서 막힙니다. 걷잡을 수 없는 출혈은 일어나지 않습니다." 그가 덧붙인다.

그 강인한 해충은 숨구멍, 또는 몸통 부분에 있는 작은 구멍들로 호흡한다. 게다가 뇌로 호흡을 통제하지도, 혈액을 통해 온몸으로 산소를 실어 나르지도 않는다. 그 숨구멍은 단순히 기관이라는 일련의 관을 통해 공기를 곧장 조직으로 보낸다.

바퀴벌레는 또한 변온동물, 다른 말로 피가 차가운 동물이다. 이는 인간처럼 식량이 많이 필요하지 않다는 뜻이다. "곤충은 하루 동안 먹은 음식으로 몇 주는 살아갈 수 있습니다." 쿤켈은 말한다. "어떤 포식자에게 잡아먹히지 않는 한, 그냥 가만히 앉아서 버티면 그뿐입니다. 곰팡이나 세균이나 바이러스에 감염되지 않으면요. 감염되지 않으면 죽지 않아요."

펜실베이니아 주 도일스타운의 델라웨어밸리칼리지에서 곤충을 연구하는 크리스토퍼 티핑(Christopher Tipping)은, 실제로 이질바퀴(*Periplaneta americana*)의 머리를 "현미경 아래에서 아주 조심스럽게" 떼어보았다고 한다. "우리는 바퀴벌레가 말라죽지 않도록 치과용 밀랍으로 상처를 봉했습니다. 두 마리는 병 안에서 몇 주간 살아 있었습니다."

곤충은 반사작용을 담당하는 기본적 신경 기능을 처리할 수 있는 신경절(신경조직 집합체) 뭉치가 몸 곳곳에 분포해 있다. "그러니 뇌가 없어도 아주 간단한 반응들은 몸통이 알아서 처리할 수 있습니다." 티핑은 말한다. "일어서고, 접촉에 반응하고, 움직일 수 있지요."

그리고 잘렸을 때 살아남을 수 있는 것은 몸통만이 아니다. 머리통도 외롭긴 하겠지만 살 수 있다. 양분이 다 될 때까지 더듬이를 앞뒤로 흔들면서 몇 시간은 버틴다고, 쿤켈은 말한다. 양분을 주고 차갑게 하면 그보다 더 오래 버티기도 한다.

그래도 바퀴벌레에게서 "몸통은 막대한 양의 감각 정보를 머리에 제공하며, 뇌는 이런 입력들이 없으면 정상적으로 기능할 수 없습니다." 애리조나대학교의 신경과학자인 닉 스트라우스펠드(Nick Strausfeld)의 설명이다. 그는 절지동물의 학습과 기억력 및 뇌 진화를 연구한다. 한 예로 바퀴벌레는 놀라운 기억력을 가졌지만, "신체 일부가 없어졌을 때는 그들을 가르치려고 해봐야 소용없습니다. 신체가 완벽히 멀쩡하지 않으면 안 됩니다."

바퀴벌레의 머리통을 떼어낸다는 이야기가 좀 징그럽게 들리겠지만, 과학자들은 머리 없는 몸통과 몸통 없는 머리로 많은 실험을 해왔다. 머리를 떼어낸 바퀴벌레의 몸통은 머리에 있는 샘들에서 분비되는 성숙 조절 호르몬을 잃는데, 이는 탈피와 생식을 연구하는 연구자들에게 유용하다. 그리고 몸통 없는 바퀴벌레 머리에 대한 연구는 바퀴벌레 신경세포의 작용 방식을 이해하는 데 도움이 된다. 뿐만 아니라 그것은 바퀴벌레의 부러운 지구력을 입증하는 또 하나의 증거이기도 하다.

1-4 자외선은 거미를 '흥분시킨다'

존 맷슨

자외선(ultraviolet, UV) 빛(전자기파 스펙트럼에서 가시광선과 X선 사이의 영역)은 동물 세계에 특히 욕망의 불을 붙이는 듯하다. 예를 들어 오스트레일리아 앵무새인 버저리가(budgerigar)는 깃털에서 (자외선을 흡수하고 다른, 보통 눈으로 볼 수 있는 파장을 방출하는) 자외선 유도 형광물질을 벗겨낸 배우자 후보에게 부정적으로 반응한다고 알려져 있다. 그리고 비록 우리 인간은 조류를 비롯한 많은 동물과 달리 자외선을 보지 못하지만, 현대의 구애 의식에 자외선을 생성하는 조명을 이용해왔다. 잘 모르겠다면 짝을 유혹할 꿈에 부풀어 일광욕 침대에* 누워본 사람이나, 분위기를 내려면 핑크 플로이드 포스터에 검은 조명을 비춰야(그러면 포스터는 버저리가의 깃털처럼 눈에 보이는 형광을 발한다) 한다고 생각하는 10대에게 물어보라.

*자외선을 이용한 선탠 기계.

그렇지만 로맨스를 돕는 자외선의 가능성을 가장 눈부시게 보여주는 예는 깡충거미가 아닐까 싶다. 2007년 1월 26일《사이언스》에 실린 논문에 묘사했듯이, 연구진은 코스모파시스 엄브라티카(*Cosmophasis umbratica*) 거미가 짝짓기 행동을 개시하려면 자외선(햇빛의 구성 요소)이 필요할뿐더러 수컷과 암컷 거미가 자외선에 각자 다른 생리적 반응을 나타낸다는 사실을 입증했다.

수컷 코스모파시스 엄브라티카의 머리와 몸통에는 암컷에게 없는, 자외선을 반사하는 인편(鱗片)이* 있다. (깡충거미는 망막에 자외선 수용기가 있어서 자외선 방출이나 반사율을 탐지할 수 있다.) 그러나 암컷은 수컷에게 없는 다른 것이 있다. 자외선 빛 아래에서 밝은 녹색 형광을 발하는 능력이다. 이 차이점을 알게 된 연구진은 이러한 생리학의 성적 차이가 짝짓기에 어떤 역할을 하는지 알아보기로 했다. 그리하여 자외선 파장을 차단했는데, 말하자면 거미에게 찬물을 끼얹은 격이었다. "뭐랄까, 그들의 성생활은 말 그대로 파투가 났지요."《사이언스》 논문의 공저자인, 잉글랜드 서식스대학교 신경생물학과의 마이클 랜드(Michael Land) 교수는 말한다.

*비늘 조각 또는 비늘처럼 생긴 작고 얇은 조각.

랜드에 따르면 이 종의 성적 기호는 쉽게 관찰할 수 있는데, 이 거미는 "많은 깡충거미처럼 매우 화려한 짝짓기 춤을 가졌기" 때문이다. "수컷은 암컷 앞에서 하이랜드 플링* 비슷한 것을 춥니다." 한편 암컷 역시 나름의 유혹 방식이 있다. "암컷은 가만 있을 수도 있고, 잠깐 앞으로 뛰쳐나갔다가 다시 돌아올 수도 있습니다." 저자들의 보고에 따르면, 자외선을 차단하자 "자외선이 있을 때는 잘만 교류하던 커플들이 이성 간의 행동을 보여주지 못했습니다." 대다수 수컷은 "암컷이 형광을 내지 못하자 구애하지 않았습니다." 마찬가지로 대다수 암컷 역시 자외선을 반사하지 않는 수컷을 무시했다.

*혼자서 아주 빠르게 추는 스코틀랜드의 민속 춤.

앞서 언급한 버저리가 또한 자외선 유도 신호가 없을 때는 구애자를 무시하지만, "이쪽은 자외선 조명을 쏘는 디스코텍에서 셔츠를 입고 있는 것과 비슷합니다. 적절한 세제로 빨면 빛을 내는 셔츠요"라고 랜드는 말한다. "그렇지만 그 경우는 양성 공통이고, 그 노란 염료의 성질인 것 같습니다. 그러니까 이 경우와는 다릅니다. 말하자면, 이건 성적 배지(sexual badge)입니다." 그 배지가 최음제 작용을 하는지, 아니면 단순히 전제 조건인 식별용 표지인지는 알 수 없다. "그 두 역할을 딱 잘라 구분할 수 있을지는 모르겠습니다. 어차피 [다른 거미가] 같은 종임을 알아보지 못한다면, 최음제도 그다지 쓸모가 없을 테니까요." 랜드는 그 두 역할이 "틀림없이 함께 작용할 것이고, 그 역할들을 구분하기란 거의 불가능할 거라고 생각합니다"라고 덧붙인다.

심지어 자외선의 존재가 이 거미에게 아무런 영향을 미치지 않는다 하더라도, 그리고 자외선 유도 신호가 모든 거미의 동일한 특성이라 할지라도(즉 양성 모두 자외선을 반사하거나 양성 모두 자외선 아래에서 녹색 형광을 낸다 해도) 그 종은 여전히 특별한 동물에 속할 것이다. "자외선을 반사하는 동물은 그리 흔하지 않습니다." 볼티모어카운티 메릴랜드대학교의 생물학과 교수로 시각을 연구하는 토머스 크로닌(Thomas Cronin)은 말한다. 형광에 관한 크로닌의 의견을 들어보자. "그건 그리 흔치 않은 특성으로 여겨집니다. 우리가 알기로는 그런 예가 별로 없거든요." 그래도 그는 이렇게 덧붙인다. "실제로는 많은데 놓쳤을 수도 있습니다. 뭐랄까, 엄밀히 찾아야만 보이는 성질이니까요."

랜드는 동료들이 바로 그것을 찾기 위한 "엄청나게 큰 계획"을 가지고 있다고 말한다. 다른 종들을 살펴봄으로써 이런 유형의 신호가 코스모파시스 엄브라티카 고유의 성질인지, 아니면 더 흔한 성질인지를 알아내려는 것이다. 앞으로 실험 결과가 어떻게 나오든, 지금으로서 명확한 것은 여기까지다. 적어도 한 종은 인간과 달리 번식 행위를 할 때 조명(이 경우에는 자외선)을 끄느냐 마느냐를 놓고 말다툼을 할 필요는 없을 듯하다.

1-5 고양이는 단맛을 모른다

데이비드 비엘로

설탕과 향신료를 비롯해 모든 맛있는 것은 고양이의 관심을 끌지 못한다. 우리의 고양잇과 친구들은 오직 한 가지, 즉 고기에만 관심이 있다(고기를 사냥하기 위한 에너지를 비축하려고 낮잠을 자거나, 원기 회복을 위해 인간의 손길에 잠시 몸을 맡기는 것을 제외하면). 모든 집냥이의 내면에 새를 잡거나 생쥐를 고문할 기회를 노리는 살인자가 숨어 있기 때문만은 아니다. 오늘날까지 확인된 모든 포유류 가운데 오로지 고양이만 단맛을 느낄 수 없기 때문이다.

대다수 포유류의 혀에는 맛 수용체가 있다. 이들은 세포 표면의 단백질로, 입에 들어오는 물질과 결합해 세포 내 작용을 일으켜 뇌로 감각 신호를 보내게 한다. 인간은 다섯 종류(어쩌면 여섯 종류)의 맛봉오리가 있다. 신맛, 쓴맛, 짠맛, 감칠맛, 단맛이다(거기에다 아마도 지방). 단맛 수용체는 Tas1r2와 Tas1r3라는 서로 다른 두 유전자가 만드는 두 개의 단백질 한 쌍으로 이루어진다.

제대로 작용할 때 그 두 유전자는 한 쌍의 단백질을 만들고, 무언가 단것이 입으로 들어오면 그 소식을 뇌로 쏘아 보낸다. 단맛은 풍부한 탄수화물의 신호이기 때문이다. 탄수화물은 채식동물과 인간 같은 잡식동물의 중요한 식량원이다. 그렇지만 고양이는 고귀한 혈통인 육식동물이라서 그보다 격이 떨어지는 일부 동물들, 즉 잡식성인 곰이나 더욱 충격적이게도 초식동물인 판다와 달리 고기가 아니면 거들떠보지도 않는다.

이러한 식단의 결과인지 아니면 원인인지는 몰라도, 모든 고양이(사자, 호랑이, 그리고 아아… 브리티시롱헤어*)는 Tas1r2 유전자의 DNA를 만드는 아미노산의 247번 염기쌍이 없다. 그 결과로 필요한 단백질을 만들지 못해서 그것은 '유전자'라는 이름을 누리지 못하고(위유전자pseudogene, 즉 거짓유전자일 뿐), 고양이가 단맛을 느낄 수 없게 한다. "고양이는 우리와 같은 식으로 단맛을 느끼지 못합니다." 필라델피아 모넬화학감각연구소(Monell Chemical Senses Center)에서 부소장을 맡고 있는 생화학자 조 브랜드(Joe Brand)는 말한다. "다행이죠. 고양이는 이가 정말 부실하거든요."

* 영국산 중장모종 고양이.

브랜드와 동료 연구자인 시아 리(Xia Li)가 그 거짓유전자를 발견하기 몇십 년 전부터, 경험적 증거들은 이미 산더미처럼 쌓여 있었다. 이를테면 고양이가 다른 동물들과 달리 감미료를 탄 물과 그냥 물을 똑같이 취급했다는 것이다. 그 사실은 고양이가 단맛에 무심함을 입증했다. 물론 그와는 반대되는 일화도 수두룩하다. 아이스크림을 먹고, 솜사탕을 즐기고, 마시멜로를 쫓아다니는 고양이도 있다고 한다. "어쩌면 어떤 고양이들은 자기들이 가진 것[Tas1r3 수용기]을 이용해 농축 설탕 맛을 느낄 수 있을지도 모릅니다." 브랜드는 말한다. "아주 희귀한 경우긴 하지만, 아직은 모르는 일이니까요."

그렇지만 과학자들은 우리가 맛볼 수 없는 것들을 고양이가 맛볼 수 있음을 안다. 예를 들면 모든 살아 있는 세포에 에너지를 공급하는 복합물인 아데

노신3인산(adenosine triphosphate, ATP) 같은 것들이다. "그것은 말하자면 고기가 보내는, 나 여기 있다는 신호인 셈입니다." 브랜드는 말한다. 그리고 리에 따르면, 역시 단맛 감지 유전자가 없는 닭부터 물에 탄 나노몰* 농도의 아미노산을 감지할 수 있는 메기까지, 동물의 수용체는 종류마다 다르다. "그들의 수용체는 배경농도(background concentration)보다** 더 민감합니다." 브랜드는 말한다. "썩어서 냄새를 풍기는 먹이를 처음 찾아내는 메기가 살아남을 수 있으니까요."

*몰(mole)은 물질의 양을 나타내는 단위이며, 1나노몰은 10억 분의 1몰.

**대기나 해양 등의 오염 농도를 고려할 때, 인위적 오염원의 영향이 배제된 자연 상태 그대로의 오염 농도.

현재로서는 고양이가 포유류 중에서 유일하게 단맛 감지 유전자가 없는 동물이다. 육식동물 중 하이에나와 몽구스 같은 가까운 친척들조차 있는데 말이다. 그리고 고양이는 간에 있는 글루코키나아제(glucokinase)처럼, 설탕을 즐기는 (그리고 소화하는) 데 필요한 다른 요소도 없을 가능성이 있다. 글루코키나아제는 탄수화물 대사를 조절하여 포도당 과다를 방지하는 핵심 효소다. "어쩌면 고양이가 당뇨병에 걸리는 것이 그 때문인지도 모릅니다." 브랜드는 말한다. "오늘날 고양이 사료는 탄수화물이 약 20퍼센트를 차지합니다. 고양이는 거기에 익숙지 않을뿐더러 처리할 수도 없습니다." 이처럼 도시의 맹수가 느끼지 못하는 맛은 어쩌면 그들에게 해로운 맛인지도 모른다. 그렇지만 적어도 대다수 고양이 애호가는 잠깐 한눈파는 사이 나비가 디저트를 낚아챌 걱정은 안 해도 되겠다.

1-6 코끼리는 잊지 않는다

제임스 리치

코끼리는 동물의 왕국에서 내로라할 만한 시력은 아니어도 한 번 본 얼굴을 결코 잊지 않는다. 테네시 주 호엔발트의 코끼리보호구역 창립자인 캐럴 버클리(Carol Buckley)에 따르면, 그곳 코끼리인 '제니'는 1999년에 신참인 인도코끼리 '셜리'를 소개받자 불안과 흥분을 드러냈다고 한다.

둘이 코로 서로를 확인하고 나서 셜리 또한 안절부절못했고, 그들은 마치 오랜 친구들의 회한에 찬 재회 같은 장면을 연출했다. "행복감이 전해져왔어요." 버클리는 말한다. "셜리가 울부짖기 시작하자 제니도 따라했어요. 둘은 코로 서로의 상처를 확인했어요. 공격적인 경우 말고 그처럼 강렬한 감정을 목격한 건 그때가 처음이었지요."

알고 보니 두 코끼리는 몇 년 전에 잠깐 마주친 적이 있었다. 버클리는 제니가 1999년에 보호구역으로 오기 전 카슨&반스 순회서커스에서 공연했다는 것을 알았지만, 셜리의 배경에 대해서는 아는 것이 없었다. 뒷조사를 좀 해보았지만, 알아낸 것은 그저 셜리가 몇 달 동안 제니와 같은 서커스에 있었다는 사실뿐이었다. 그것도 무려 23년 전에.

놀라운 기억력은 코끼리가 살아남는 데 중요한 역할을 한다고, 연구자들은 믿는다. 케냐 암보셀리국립공원의 코끼리를 대상으로 한 연구에 따르면, 가모장제인 코끼리는 특히 가족에게 반드시 필요한 사회적 지식 창고를 가지고 있다.

잉글랜드 서식스대학교의 연구자들은, 35세의 가모장을 둔 무리에 비해 55세의 가모장을 둔 무리가 친숙하지 않은 코끼리를 마주했을 때 방어 태세로 한데 뭉칠 가능성이 더 높음을 발견했다(코끼리의 평균 수명은 50~60세다). 서식스대학교의 심리학자이자 동물행동학자인 캐런 매콤(Karen McComb)과 동료들이 《사이언스》에 보고한 바에 따르면, 그런 외부자가 무리와 갈등을 빚고 어쩌면 새끼를 해칠 가능성을 인지하고 있기 때문인 듯하다.

1993년의 지독한 가뭄 때 탄자니아의 타랑기레국립공원에서 세 무리의 코끼리 떼를 연구한 다른 연구진은, 그들이 서로를 알아볼 뿐만 아니라 평소의 서식지가 고갈되었을 때 대안으로 먹이와 물을 얻을 수 있는 곳으로 가는 길들을 기억해낸다고 보고했다.

뉴욕 시 야생동물보존협회(Wildlife Conservation Society)의 과학자들이 《생물학 서신(Biology Letters)》에 보고한 바에 따르면, 38세와 45세의 가모장이 있는 코끼리 무리는 물과 덤불을 찾아 메마른 공원을 떠났지만 더 젊은 33세의 가모장을 둔 무리는 그대로 머물렀다.

그해 공원에서는 새로 태어난 새끼 코끼리 81마리 중 16마리가 9개월 안에 사망해 20퍼센트의 사망률을 기록했는데, 이는 평소의 2퍼센트에 비해 대단히 높은 수치였다. 그리고 죽은 코끼리 중 10마리는 먹이와 물이 고갈된 공원에 남은 무리의 일원이었다.

연구자들은 더 나이 든 코끼리가 1958년에서 1961년까지 이어졌던 공원의 가뭄을, 그리고 그때 멀리 떨어진 더 울창한 지역으로 이주하여 그 빈곤한 시기를 견디고 살아남았음을 기억했다고 결론 내렸다. 공원에 남은 코끼리 중 이전 가뭄 때를 기억할 만큼 나이가 든 개체는 한 마리도 없었다.

또한 스코틀랜드 세인트앤드루스대학교의 심리학자인 리처드 번(Richard Byrne)을 비롯한 연구자들의 2007년 암보셀리 연구 결과에 따르면, 확실히 코끼리는 동시에 30마리나 되는 동료를 알아보고 그들의 궤적을 기억했다.

"크리스마스 세일로 붐비는 백화점에 가족을 데려간다고 생각해보세요." 번은 말한다. "네다섯 명의 식구가 어디 있는지 기억하는 게 얼마나 만만찮은 일입니까. 이 코끼리들은 30마리의 여행 동료를 대상으로 그 일을 해내는 겁니다."

과학자들은 이 기억력을 검사하기 위해 암컷 코끼리 앞에 소변 표본들을 늘어놓았다. 암컷 코끼리들은 코로 그 표본들을 낱낱이 확인하고는 자기 무리에 속하지 않는, 따라서 거기 있으면 안 되는 표본 앞에서 행패를 부렸다. "사슴처럼 무리 지어 돌아다니는 대다수 동물은 아마도 자기 무리에 있는 다른 개체들을 전혀 모를 겁니다." 번은 말한다. 그렇지만 코끼리는 "자기 무리의 모두[모든 개체]를 아는 게 거의 분명합니다."

그런 "작업 기억(working memory)"은 "지금까지 밝혀진 바에 따르면 그 어떤 동물보다 훨씬 앞서 있다"고, 번은 덧붙인다. 그 능력은 코끼리가 함께 움직이며 풀을 뜯고 어울리는 가족 단위를 감시하는 데 도움이 된다.

영리함으로 따지자면 코끼리가 돌고래와 유인원, 그리고 인간과 동급이라고, 야생동물보존협회의 인지과학자 다이앤 리스(Diane Reiss)와 애틀랜타 주 에모리대학교의 동료들은 말한다. 그들은 2006년 《미국국립과학원회보(Proceedings of the National Academy of Sciences USA)》에 보고하기를, 코끼리가 위에 언급한 종들 외에 거울에 비친 것이 자신임을 알아볼 수 있는 유일한 동물이라고 했다.

케냐 나이로비에 세이브더엘리펀트(Save the Elephants)를 창립한 동물학자 이언 더글러스-해밀턴(Iain Douglas-Hamilton)은 1960년대부터 코끼리를 연구해온, 후피동물의* 권위자다. 그는 연구 초기에 탄자니아의 만야라호수국립공원(Lake Manyara National Park)에서 한 코끼리와 야생에서 함께 산책을 할 정도로 친한 사이가 되었다고 한다. 그는 1969년에 논문을 쓰려고 그 지역을 떠났다가 4년이나 지나 돌아왔는데, 그 코끼리는 그가 한 번도 떠난 적 없는 듯 그를 대했다. "그녀는 곧장 내게 다가와 예전과 다름없이 행동했습니다." 둘은 다정한 산책을 다시 시작했다고 한다.

*가죽이 두꺼운 동물.

"코끼리는 장수하는 동물이고, 기억력은 장수하는 동물들에게 이점일 겁니다. 상황에 더 잘 적응하게 해주니까요." 더글러스-해밀턴은 말한다. "코끼리가 극단적인 기후 환경에서 산다고 할 때, 철에 따라 먹이가 있는 곳을 기억할 수 있다면 살아남을 확률이 높아지지요."

그러니 다음번에 누군가가 여러분에게 코끼리 같은 기억력을 가졌다고 말하면 칭찬이겠거니 하자.

1-7 고래 분비물은 보물이다

신시아 그래버

웨일스에서 방학을 보내던 열 살짜리 아이가 웬 돌부리에 걸려 넘어졌는데, 알고 보니 그 값어치가 거의 6,000달러나 되는 물건이었다. 80세 언니가 우편으로 보낸 양초 비슷한 돌덩이를 받은 67세의 한 뉴욕 토박이는 1만 8,000달러만큼 더 부유해졌음을 깨달았다. 이 모두는 고래의 가벼운 소화불량에서 비롯되었다. 고래의 불편한 위에서 만들어지는 용연향은 수천 년 전부터 향수와 의약품의 원료로 높은 가치를 인정받아온 희귀한 물질이다. 수컷 향유고래는 오징어를 잡아먹는데 오징어의 단단하고 뾰족한 부리로 상처가 난 내장을 보호하기 위해 만들어지는 것이 용연향이다. 과학자들은 고래가 그 부리를 감싸기 위한 지방성 물질을 내장에 분비함으로써 스스로를 보호한다고 믿는다. 결국 고래는 한번에 수백 킬로그램에 이르는 거대한 덩어리를 내놓는다.

그렇지만 그것을 '고래 토사물'이라고 부르지는 말자. 과학자들은 고래가 입으로 용연향을 토한다고 생각하지 않는다. 향유고래가 용연향을 배출하는 광경을 목격한 사람은 아무도 없다. 노바스코샤 주 핼리팩스에 있는 댈하우지 대학교의 향유고래 전문가 할 화이트헤드(Hal Whitehead)는 고래가 그것을 대변으로 배설한다고 생각하지만 말이다. 처음 나왔을 때 "음, 그건 앞쪽보다는 뒷부분에 더 가까운 냄새가 나거든요."

찐득찐득하고 검은, 새로 배출된 용연향 덩어리는 대양 표면을 떠다닌다. 덩

1-7

어리는 햇빛과 공기와 바닷물에 산화되고, 수분은 지속적으로 증발한다. 점점 딱딱해진 그것은 작은 조각들로 깨져, 결국 작고 검은 오징어 부리들이 박힌 회색 밀랍 덩어리처럼 된다. 풍화된 덩어리는 담배나 솔방울이나 뿌리덮개* 비슷한 달콤한 흙냄새를 풍긴다. 품질(과 가치)은 그것이 얼마나 오랫동안 떠다녔느냐, 다른 말로 에이징을 했느냐에 달려 있다고, 용연향 거래인인 버나드 페린(Bernard Perrin)은 말한다. "고급 포도주와 마찬가지로, 그것은 에이징을 하기" 때문이다.

*토양 침식을 막기 위해 반쯤 썩은 잎이나 식물 등으로 땅을 덮어놓은 것.

이 바다 보물은 수천 년 전부터 귀한 것으로 인정받아왔다. 중동 사람들은 역사적으로 힘과 정력을 강화하려고, 심장과 뇌의 병을 예방하려고, 또는 음식과 음료에 맛을 더하려고 가루 낸 용연향을 섭취해왔다. 용연향(龍涎香)은 중국어에서 온 말로 '용의 침으로 만든 향수'라는 뜻이다. 고대 이집트인은 그것으로 분향을 했다. 중세 시대 영국의 한 의학 논문에 따르면, 용연향은 두통과 감기와 간질을 비롯한 다양한 병에 효과가 있다고 한다. 그리고 포르투갈인은 16세기에 그 냄새 나는 물질이 풍부한 섬을 손에 넣으려고 몰디브제도를 점령했다.

용연향을 아랍어로는 anbar라고 하는데, 거기서 다시 amber(호박琥珀)라는 단어가 나왔다. 몇 세기 전 프랑스는 동물성 물질인 용연향(ambergris)과 오늘날 금빛의 식물성 송진을 일컫는 호박(amber)을 구분하기 위해 각각을 녹색 호박(amber gris)과 노란 호박(amber jaune)으로 불렀다.

향수의 다른 동물성 원료(예컨대 머스크)와 마찬가지로, 용연향은 자신만의 고유한 향(ambergris는 화학물질인 앰브레인ambrein에서 그 이름을 얻었다)을 샤넬 N. 5처럼 유명한 향수에 제공한다. 또한 소금이 음식의 향과 풍미를 증진하듯 한 향수의 다른 향 성분을 풍부하게 만든다. 그리고 가장 중요한 점으로, 그 향수의 다른 향을 오래 머물게 해준다. 필라델피아 모넬화학감각연구소에서 향화학을 연구하는 조지 프레티(George Preti)의 설명에 따르면, 용연향 분자는 향수 분자가 그렇듯이 친유성(지방을 좋아한다는 뜻)이지만 더 크고 더 무겁다. "향 분자는 다른 친유성 분자와 친화도가 높아서, 용연향 분자와의 결합을 잘 유지하고 한꺼번에 몽땅 날아가지 않습니다." 프레티는 말한다.

미국 향수 회사들은 이제 그들의 향수에 용연향을 혼합하지 않는데, 주로 그것을 판매하는 데 얽힌 복잡한 법적 문제들 때문이다. 그러나 국제적 거래는 합법이고, 페린은 자신의 제품을 구매할 프랑스 향수 회사들을 얼마든지 찾을 수 있다. "우리는 중동 왕가에도 파는데, 거기서는 그것을 최음제로 씁니다. 우유를 좀 넣고, 꿀도 좀 넣고, 용연향도 소량 갈아서 넣는 거죠." 그가 말한다.

용연향에 관해서는 아직 수수께끼들이 남아 있다. 향유고래는 전 세계 바다에 흩어져 사는데 왜 용연향은 주로 남반구에서 발견될까? 왜 향유고래만이, 그것도 특히 수컷 향유고래만이 용연향을 만들까? 고대 중동 사람들은 어떻게 처음 용연향을 약에 써야겠다는 생각을 하게 되었을까? 또 어떻게 '고래물(eau de whale)'이 매혹적인 향수가 되리라고 확신했을까?

1-7

용연향의 일부 발향 성분은 합성 제조가 가능해졌지만 전부는 아니어서, 오리지널은 여전히 그 가치를 인정받고 있다. 포경 전 110만 마리로 추정되던 향유고래 수가 오늘날에는 약 35만 마리로 감소하면서, 바다를 떠다니는 용연향도 줄었다. 그래도 개체수가 완만한 회복세를 보인다고, 화이트헤드는 말한다. 비록 대부분은 돌멩이나 밀랍 같은 바다 쓰레기로 밝혀지지만, 해수욕객과 어부는 이 풍화된 바다 금괴를 발견할 꿈을 안고 오늘도 모래밭을 샅샅이 뒤지고 있다.

1-8 아기 새 같은 생물에게 인간의 손길은 금기다

로빈 보이드

여름이면 으레 떠오르는 장면이 하나 있다. 야생능금 나무의 낮고 굽은 가지에 새가 둥지를 튼다. 둥지 안에서는 새끼 찌르레기가 이제 막 날개를 펼치며 짹짹대려 하고 있다. 어린 여자아이의 얼굴이 둥지 위에서 맴돈다. 아이는 거대한 손가락을 뻗어 아직 마르지 않은 깃털을 쓰다듬으려 한다. 그러나 바로 그 순간 아버지의 천둥 같은 목소리가 울려 퍼진다. "건드리면 안 돼!"

전해지는 말에 따르면, 인간의 손가락 하나라도 닿으면 새는 알과 새끼를 내팽개치고 떠난다고 한다. 그러나 널리 퍼진 이 믿음은 새에게 이롭긴 해도, 새끼를 보살피려는 동물 부모의 선천적 욕구를 부정하고 새의 기본 생물학을 무시한다.

새가 아무리 변덕이 심해 보여도 기다렸다는 듯이, 그것도 인간의 손길이 닿았다는 이유만으로 새끼를 버리는 일은 없다고, 미국조류학자연합(American Ornithologists' Union)의 회장을 지낸 프랭크 길(Frank B. Gill)은 말한다. "새가 둥지를 만들거나 알을 낳는 단계에서 잠재적 포식자에게 방해를 받으면, 그 둥지를 버리고 새로 지을 가능성이 있습니다. 그러나 새끼가 알에서 깨어 먹이를 먹기 시작하면, [부모 새는] 대체로 매우 완강합니다." 그는 설명한다.

그 낭설은 새가 인간의 냄새를 탐지할 수 있다는 믿음에서 나온다. 그러나

1-8

새는 사실 후각신경이 비교적 작고 단순해서 후각이 약하다. 후각이 뛰어난 새는 매우 드물고, 이는 특화된 적응의 결과다. 예를 들어 칠면조수리(turkey vulture)는 유기물질이 부패할 때 내뿜는 (그리고 천연가스에 악취를 내려고 일부러 집어넣는) 기체인 메틸메르캅탄(methyl mercaptan)에 이끌리는가 하면, 찌르레기는 식물 속 천연 살충 성분의 냄새를 탐지할 수 있어서 해충으로부터 안전한 둥지를 만드는 데 그런 식물들을 이용한다. 그렇지만 어떤 새의 후각도 인간 냄새에는 반응하지 않는다.

그래도 비어 있지 않은 새 둥지를 건드리지 말아야 할 타당한 이유가 있다. "새가 접촉에 반응해 새끼를 버리지 않는다는 것은 사실입니다. [하지만] 그들은 교란에 반응하여 [새끼와 둥지를] 버립니다." 몬태나대학교 생물학자로 미국지질조사국(U.S. Geological Survey) 소속인 토머스 마틴(Thomas E. Martin)은 설명한다. 그는 베네수엘라에서 태즈메이니아까지 새를 조사해왔지만 새끼를 버리게 만든 적은 없다. "새는 새끼에게 해가 될 위험이 있는 교란에 반응할 가능성이 높습니다."

다시 말해서 새는 경제학자와 마찬가지로 비용 효율적 결정을 내린다. 알을 까고 새끼를 키우는 데 많은 시간과 에너지를 투자한 새는 새끼가 잠재적 포식자에게 발각되었을 때 그저 새끼를 버리기보다는 가능하면 새로운 둥지로 옮길 가능성이 높다. 매처럼 장수하는 새는, 울새(robin)를 비롯한 명금(鳴禽)처럼 단명하는 새에 비해 위험을 좀 더 싫어한다(그리고 교란에 좀 더 민감하다). 전자는 후자에 비해 새끼를 버릴 확률이 훨씬 높다.

같은 논리가 대다수 동물에게 적용된다. "일반적으로 야생동물은 새끼와 유대를 맺고 성급히 새끼를 버리지 않습니다." 미국동물애호협회(Humane Society of the United States) 도시야생프로그램(Urban Wildlife Program)의 현장 지도자 로라 사이먼(Laura Simon)은 말한다.

사실 대다수 생물은 새끼의 생존을 확보할 특별한 방법들을 찾아낸다. 킬디어(killdeer)와* 오리는 새끼로부터 포식자를 유인하기 위해 날개가 부러진 척하고, 너구리와 다람쥐는 위험 요인이 도사린 경우 서둘러 새끼를 좀 더 안전한 목초지로 옮길 것이다.

*물떼새의 일종.

야생 토끼는 이 법칙에 어긋난다. "이 동물은 인간을 비롯한 다른 냄새들에 가장 민감해 보입니다. 변덕이 심하고 스트레스를 많이 받는 종이거든요." 사이먼은 말한다. "야생 토끼는 간혹 심하게 교란된 둥우리를 버릴 수 있습니다. 잔디깎이 기계가 지나가거나 고양이가 들어오거나 하면요."

혹시 토끼 둥우리가 버려졌는지 의심스러울 경우, 동물애호협회에서는 털실이나 끈으로 둥우리 위에 X자를 만들고 약 10시간쯤 후에 그것이 걷혔는지 확인하라고 권한다. X자가 옆으로 치워졌지만 둥우리가 여전히 덮여 있으면, 어미가 돌아와서 새끼를 보살폈고 둥우리를 다시 덮었음을 나타내는 좋은 징표다. 만약 문제의 사건 이후에 12시간 동안 X자가 그대로 있다면 새끼 토끼는 버려졌을 가능성이 높다.

물론 야생동물은 가능한 한 건드리지 말고 가만 놔둬야 한다. 새끼 새나 어떤 어린 동물을 땅에서 발견했을 때, 일반적 법칙은 그냥 가만 놔두는 것이다.

1-8

대개는 그 부모가 멀찍이 떨어져 지켜보고 있을 가능성이 높다. 하지만 아직 비행 깃털이 자라지 않은 새끼 새가 땅바닥에 있고 높지 않은 곳에 둥지가 있으면, 둥지에 돌려놓아도 해될 것은 없다. 부모는 두 날개를 벌려 새끼를 환영할 것이다.

1-9 애완동물은 아이들의 알레르기를 방지한다

멜린다 웨너

애완동물은 아이들을 위해 엄청나게 많은 일을 해준다. 조건 없는 사랑과 책임감, 죽음, 그리고 물론 개똥 치우는 요령도 배우게 한다. 하지만 개나 고양이가 아이를 알레르기에서 지켜줄 수도 있을까? 수십 년의 연구에도 불구하고, 안타깝게도 답은 아직 '어쩌면'이다.

애완동물이 면역상 이점을 제공한다는 생각은 1989년에 등장한 이른바 위생 가설이라는 논쟁적 이론에서 나온다. 20세기 들어 알레르기 질환이 급격히 증가한 것이 적어도 어느 정도는 청결 기준이 더 높아진 탓이라는 가설이다. 세균과 기생충 같은 미생물은 사소한 사건들을 영리하게 무시하면서 (위험한 감염에 맞서는) 중요한 싸움을 할 수 있도록 우리의 면역 체계를 '대비시키는' 것으로 여겨진다. 그렇다면 알레르기는 경험 없는 면역 시스템이 불필요하게 애완동물의 비듬 같은 무해한 환경적 방아쇠들을 공격하기 때문에 일어나는 셈이다. 오늘날의 대다수 연구자는 기생충과 젖산균 같은 특정한 미생물만이 면역 체계를 대비시키는 데 관여한다고 믿는다. 문제는, 애완동물이 그들을 제공하느냐 하는 것이다.

그러나 그 물음에 답하기 위해 계획된 연구들은 아무 확정적 결론도 내놓지 못했다. "복잡한 분야에 오신 것을 환영합니다." 버지니아대학교 알레르기 및 임상면역학과의 토머스 플래츠-밀스(Thomas Platts-Mills) 과장은 말한다.

1-9

우선 비듬과 침 같은 고양이와 개의 알레르기 유발 항원은 옷과 공기를 타고 쉽사리 옮겨 다니기 때문에, 대다수 아동은 그것들을 접하게 되어 있다. 그러니 그것은 노출 대 비노출의 이분법적 논리로 풀 문제가 아니다. "문제는 정말이지 훨씬 고도로 노출된 환경에서, 즉 집에 고양이가 있을 때 무슨 일이 일어나느냐 하는 겁니다." 컬럼비아대학교 메일먼공중보건대학원에서 환경보건을 연구하는 매튜 페르자노브스키(Matthew Perzanowski)는 말한다.

페르자노브스키에 따르면, 전부는 아니지만 일부 환경에서는 애완동물을 키우는 것과 알레르기 발달 위험 감소 사이에 연관 관계가 있는 듯하다. 예를 들어 미국과 오스트레일리아처럼 고양이가 흔한 나라에서는 애완 고양이가 보호효과를 제공하는 것으로 보인다. 하지만 고양이가 드문 나라들에서는 고양이를 키우는 것이 오히려 흔히 알레르기 증상에 앞서 나타나는 면역반응인 알레르기 민감성의 위험을 증가시켰다고 한다. 고양이가 흔하지도 드물지도 않은 나라 이야기는 꺼내지도 말자. 연구들은 확정적 결론을 전혀 내놓지 못했다. 이런 차이들이 나타나는 이유를 설명하라고 하면, 정말이지 아무도 모른다.

개가 보호효과를 제공한다는 더 강력한 증거가 있다고, 보스턴 브리검여성병원의 내과의인 오거스토 리톤후아(Augusto Litonjua)는 말한다. 하지만 그 이유는 여러 가지일 수 있다고 한 발 물러선다. 예컨대 개를 키우는 것의 직접적 효과와, 그에 수반되는 (밖에 더 자주 나가고, 더 활발히 움직이고, 더 많은 햇빛을 쬐어 비타민D를 합성하는 것 같은) 생활양식 변화의 효과는 어떻게 가려내겠는가? 어쩌면 영향을 미치는 것은 개 자체가 아닐 수도 있다고 그는 말한다.

그렇지만 개 특유의 보호효과를 입증하는 분자 수준 증거가 일부 존재한다. 리톤후아에 따르면, 개의 털에는 내독소(內毒素)라는* 다수의 세균성 복합물질이 있다. 실험실 환경에서, 내독소 수치가 높은 가정에서 자란 아이들의 세포는 알레르기 유발원에 직접 노출될 경우 알레르기 반응 관련 화합물인 사이토카인을 더 적게 분비한다.

*체내에 있어서 균체 밖으로 분비되지 않는 독소로, 균이 죽어서 파괴될 때 외부로 나타난다.

내독소 노출은 어쩌면 다른 아이보다 농장에서 자란 아이에게 알레르기 증상이 덜 일어난다는, 확실히 입증된 현상 역시 설명해줄지도 모른다. 농장은 미생물과 동물로 가득하고, 이들은 보호효과를 발휘할 가능성이 있다. 그렇지만 역시 농장 아이는 다른 곳에서 자라는 아이와는 무척 다른 생활을 하기 때문에 정확히 무엇이 농장 아이를 보호해주는지를 판별하기가 어렵다고, 리톤후아는 말한다.

사실 일부 과학자들은 지금 나와 있는 대부분의 애완동물 알레르기 연구를 좀 더 신중히 해석할 필요가 있다고 말한다. 연구자들은 여러 연구에서, 동물을 키우는 것과 관련된 설문 조사를 하고 그 결과를 알레르기 상태와 비교했다.

스웨덴 칼스타드대학교에서 공공보건을 연구하는 카를-구스타프 보네하그(Carl-Gustaf Bornehag)에 따르면, 그런 연구들은 인과관계를 입증하지 못한다. 애완동물 알레르기가 있는 사람들(또는 알레르기는 어느 정도 유전적 요인에 영향을 받으므로, 가족 중 누군가가 알레르기가 있어서 자신도 알레르기가 생길 위험이 있는 사람들)은 보통 동물을 키우지 않으리라는 것이 그의 생각이다.

그래서 연구 결과가 왜곡되고, 실제와는 달리 애완동물이 알레르기에서 지켜주는 것처럼 보이게 된다. 일부 연구에서는 유전적 위험을 기반으로 결과들을 다층화함으로써 이 편향 요인을 해결하려고 노력해왔다. 그러나 컬럼비아 대학교의 페르자노브스키는 이렇게 말한다. "'고양이를 무작위로 배포하는 실험'이 있기 전까지는 애완동물이 실제로 알레르기를 완화하는지, 아니면 원래 알레르기가 없는 사람들만 애완동물을 키우는지 판별하기 힘들 겁니다."

그렇다면 자녀가 알레르기를 일으킬 위험을 최소화하고 싶은 부모는 애완동물을 키워야 할까? 리톤후아는 "그건 백만 달러짜리 질문입니다"라며, 간단히 말해 아니라고 대답한다. "만약 알레르기를 예방하기 위해 애완동물을 키우려 한다면, 그건 아마도 타당한 이유는 아닐 겁니다." 하지만 "만약 아이가 정말로 애완동물을 원한다면, 그리고 당신이 원한다면 키우세요. 노출에 대해 아무런 증상이 없는 한 말이죠." 물론 벼룩에 물릴 걱정과 똥 치울 걱정은 각자의 몫이다.

1-10 지구상 가장 큰 생물은 흰긴수염고래가 아니라 버섯이다

앤 캐슬먼

다음번에 식품점에서 양송이를 살 때는 그 한입 크기의 귀여운 버섯에게 저 멀리 서부, 오리건 주 블루마운틴에 965헥타르(965만 제곱미터)의 토양을 뒤덮은 거대한 친척이 있음을 떠올려보자. 다른 식으로 말하면, 이 거대한 균류는 축구장 1,665개 또는 거의 10제곱킬로미터 면적의 잔디밭을 차지한다.

1998년에 발견된 이 거대한 조개뽕나무버섯(*Armillaria ostoyae*)은 길이 33.5미터에 무게 200톤의 흰긴수염고래를 밀어내고, 지금까지 알려진 세계 최대의 유기체라는 타이틀을 꿰찼다. 나이는 현재 성장 속도로 볼 때 2,400세로 추정되지만 최고 8,650세일 수도 있는데, 그렇다면 세계 최고령의 유기체로도 한자리를 차지할 것이다.

이 균류의 분포도를 작성하려고 동부 오리건으로 떠난 삼림과학자 팀이 그 거인을 발견했다. 그 팀은 그들이 동일한 유전적 개체인지를 확인할 수 있는 융합 여부를 보기 위해 배양접시에 균류 표본들을 함께 놓았고, 한 개체가 어디서 끝나는지를 확인하기 위해 DNA 지문을 이용했다.

이 조개뽕나무버섯은 과수뿌리썩음병을 일으켜 미국과 캐나다의 많은 지역에서 침엽수를 죽게 한다. 균류는 주로 대상에 엉겨 붙어서, 소화효소를 분비하는 가느다란 섬유인 균사를 이용해 나무뿌리에 붙어 자란다. 그렇지만 조개뽕나무버섯은 납작한 신발 끈 같은 구조인 균사다발을 확장하는 독특한 능력이 있어서, 그것으로 기주식물 사이의 틈을 메우고 그 폭을 더욱 멀리까지 확장한다.

좋은 유전자와 안정적인 환경의 조합 덕분에 이 어마어마한 균류는 지난 1,000년간 계속 살아서 존재를 퍼뜨릴 수 있었다. "이들은 인간 중심적 사고 방식으로 볼 때 무척 희한한 유기체입니다." 온타리오 주 오타와에 위치한 칼턴대학교의 생화학자 마이런 스미스(Myron Smith)는 말한다. 조개뽕나무버섯 한 개체는 그물같이 연결된 균사로 이루어진다고, 그는 설명한다. "이 연결망은 집합적으로 균사체라고 불리는데, 그 모양과 크기는 일정하지 않습니다."

조개뽕나무버섯속의 모든 균류는 노란 갓과 달콤한 열매를 맺는 몸통 때문에 'honey mushroom(꿀버섯)'이라고 불린다. 그와 똑같이 기괴하고 거대하지만 자연에는 좀 더 유순한 종들도 있다. 사실 1992년에 발견된 최초의 거대한 균류(나중에 천마버섯*Armillaria gallica*으로 개명된 15헥타르의 아밀라리아 불보사 *Armillaria bulbosa*)는 미시건 주 근처 크리스탈 폴스에서 해마다 열리는 '버섯 축제'에서 기념된다.

마이런 스미스는 식물학 박사 과정 시절 크리스탈 폴스 근처의 경엽수림에서 동료들과 함께 이 특별한 균류를 최초로 발견했다. "이것은 일종의 곁가지 프로젝트였습니다." 스미스가 회상한다. "우리는 유전적 검사를 통해 [균류] 개체들의 경계를 찾으려 했는데, 첫해에는 그 경계선을 찾지 못했습니다."

이후 미생물학자들은 분자유전학을 이용해서 근친 집단 속에서 개체를 구별해내는 새로운 방법을 개발했다. 주로는 근친교배의 흔적을 찾아보는 방법인데, 근친교배를 하면 유전자의 이형접합체(heterozygous) 자리에 동형접합체(homozygous)가 자리하게 된다. 이렇게 해서 그들은 하나의 개체가 얼마나 큰지 파악할 수 있었는데, 자못 충격적이었다. 그들이 발견한 아밀라리아 불보사는 무게가 100톤이 넘었고, 나이는 거의 1,500살은 된 것 같았다.

"사람들은 그저 크다고만 생각했지, 그렇게 클 줄은 짐작조차 못 했습니다." 위스콘신대학교 라크로스캠퍼스의 생물학과 교수인 톰 폴크(Tom Volk)는 말한다. "음, 확실히 말해 앞으로 균류학이 그 정도로 언론의 관심을 끄는 일은 다시 없을 겁니다. 전무후무했지요."

그 후 얼마 지나지 않아 1992년 남서부 워싱턴에서, 당시 미국삼림국(USFS) 소속으로 콜로라도에 와 있던 테리 쇼(Terry Shaw)와 워싱턴 국무부 천연자원부 소속의 삼림병리학자인 켄 러셀(Ken Russell)이 그보다 더 큰 균류의 발견을 전했다. 그들이 발견한 균류는 조개뽕나무버섯의 한 표본으로, 약 600헥타르(6제곱킬로미터)의 면적을 뒤덮었다. 그리고 2003년에 오리건 삼림국 소속의 캐서린 파크스(Catherine Parks)와 동료들은 현재의 965헥타르(9.65제곱킬로미터)에 이르는 거대한 조개뽕나무버섯을 발견했다.

역설적이게도 그런 거대한 균류 표본들의 발견은 유기체의 개체 구성 기준에 관한 논쟁을 불러일으켰다. "그것은 일종의 공통 목표를 가졌거나 적어도 어떤 목표를 위해 자기들끼리 협력할 수 있는, 서로 소통하고 유전적으로 동일한 세포들의 한 조입니다." 폴크는 설명한다.

거대한 흰긴수염고래와 막대한 균류 양쪽 다 이 정의에 문제없이 들어맞는

다. 6,615톤의 사시나무 수나무 군락과, 유타 주 산비탈의 43헥타르 면적을 뒤덮은 그 클론들도 그렇다.

다시 생각해보면, 앞서 식료품점의 양송이도 그리 작지 않다. 커다란 버섯 농장은 1년에 많으면 100만 파운드(454미터톤)에 이르는 양송이를 생산한다. “사람들이 농장에서 키우는 버섯은 이 농장이나 저 농장이나 유전적으로 거의 동일합니다.” 스미스는 말한다. “그러니 한 거대한 버섯 재배 시설에 있는 버섯들은 유전적으로 단일한 개체일 겁니다. 거대한 개체죠!”

사실 거대하다는 것은 균류의 속성 그 자체일지도 모른다. “우리는 이런 것들이 그리 희귀하지 않다고 생각합니다.” 폴크는 말한다. “사실 정상적이라고 봅니다.”

1-11 개들은 말을 할 수 있다

티나 애들러

수다스러운 일곱 살짜리 개 '마야'가 내 얼굴을 똑바로 쳐다본다. 그리고 주인이 살짝 신호를 주자 이렇게 말한다. "아이 러브 유." 사실 마야는 "아 루우 우우우!"라고 했다.

마야는 진짜 말처럼 들리는 소리를 내려고 얼마나 애쓰는지 모른다. "마야가 짖는 소리를 들은 사람들은 하나같이 정말정말 사람 소리 같다고 해요. 아닌 사람은 아니라고 하겠죠." 마야의 주인인 주디 브룩스는 말한다.

이와 비슷한 장면을 아마도 유튜브나 데이비드 레터맨의 쇼에서 본 적이 있을 것이다. 이런 개 주인들에게는 좋은 소식일지도 모르겠다. 브리티시컬럼비아대학교의 심리학자이자 개 전문가인 스탠리 코렌(Stanley Coren)은, 한 동료가 '브랜디'라는 개를 키우면서 그 개에게 늘 명랑한 두 음절 "헬로!"로 인사를 건넸다는 이야기를 들려준다. 그리고 머지않아 브랜디는 그 인사에 응답을 하게 되었는데, 그 응답은 주인의 인사와 매우 흡사하게 들렸다고 한다. 이 이야기는 코렌의 책 《개에게 말하는 법 : 개-인간 소통 기술 터득하기(How to Speak Dog : Mastering the Art of Dog-Human Communication)》에 실려 있다.

그렇지만 개들이 어떻게 말을 할 수 있을까? 저 옛날 1912년, 존스홉킨스대학교의 해리 마일스 존슨(Harry Miles Johnson)은 "못 합니다"라고 딱 잘라 말했다. 그는 《사이언스》에 게재된 논문에서, 방대한 어휘력으로 유명했던 한 개를 연구한 베를린대학교 심리학연구소의 오스카 펑스트(Oskar Pfungst)의 결론에 대체로 동의했다. 존슨은 그 개의 발화에 대해 "청자의 귀에 착각을 일으키는 음운 생성이다"라고 썼다.

그는 이어서 "특정 부류의 과학자들이 (…) 하등한 동물에게서 '지적 모방'을 목격했으며 그것을 과학적으로 완벽히 입증할 수 있다고 주장할 때" 놀라지 말라고 귀띔한다.

실제로 지난 세기에 그 과학적 견해를 바꿀 만한 결과는 전혀 나오지 않았다. (개들이 서로 소통할 수 있다는 데 의문을 제기하는 사람은 없지만, 그것을 '말하기'라고 부르는 것은 다른 문제다.) 그렇다면 마야와 그 사촌들이 하는 것은 무엇일까? 그것은 말하기보다는 모방하기라고 부르는 편이 더 적절하다고, 인디애나대학교 블루밍턴캠퍼스의 심리학과 객원연구원 게리 루카스(Gary Lucas)는 말한다. 그는 개가 감정을 전달하기 위해 목소리를 내며, 톤을 다양하게 변화시켜 감정을 표현한다고 설명한다. 그러니 개가 다양한 톤에 민감해지는 것은 그들에게 유리하다. 개는 우리 어조 패턴의 차이를 간파하기 때문에, 그들이 할 수 있는 한도에서는 인간을 잘 흉내 낼 수 있다.

루카스는 이 행동을 영장류인 보노보의 행동과 비교한다. 연구 결과 보노보는 모음, 음높이 변화, 리듬을 포함한 몇몇 톤 패턴을 흉내 낼 수 있음이 밝혀졌다. "유튜브에서 말하는 기술을 보여주는 개와 고양이 중 일부는 몇 가지 선택적인 톤 모방 기술을 가졌을지도 모릅니다."

개와 주인(겸 목소리 조교) 사이에 일어나는 일은 확실히 단순하다고, 코렌은 말한다. 주인이 개가 어떤 말소리와 비슷한 소리를 내는 것을 듣고 그 말을 개에게 되풀이해 말하면, 개는 그 소리를 다시 따라 하고 간식으로 보상받는다. 결국 개는 주인의 원래 소리가 수정된 버전을 배우는 것이다. 루카스의 말을 빌리자면, "개의 목소리 모방 능력에는 한계가 있으므로 보통은 선택적 주의력과 사회적 보상이 필요합니다."

레터맨의 쇼에서는 "한 퍼그가 '아이 러브 유'라고 말하는데, 무척 귀엽긴 하지만 그 퍼그는 그게 무슨 뜻인지 전혀 모릅니다." 코런의 말이다. "개가 말을 할 수 있다면 '그냥 쿠키나 좀 얻어먹을까 해서 왔는데요'라고 할걸요."

과학자들은 이 중요한 주제에 관한 연구에서 어느 정도 진척을 보았다. 개를 비롯한 동물의 발음이 왜 영 형편없는지, 이를테면 왜 자음이 엉망인지를 알아낸 것이다. 동물은 "혀와 입술을 잘 사용하지 않기 때문에 인간 파트너가 내는 대부분의 소리와 일치하는 소리를 내기가 어렵습니다." 루카스는 말한다. "입술과 혀를 사용하지 않고 '퍼피'라고 한번 말해보세요."

부족한 발성 능력에도 불구하고, 개는 확실히 우리의 신호를 읽을뿐더러 우리에게 자신의 감정을 전달하기도 한다. 막스플랑크재단(M.P.I.) 진화인류학연구소의 줄리아 리델(Julia Riedel)과 동료들이 《동물행동학(Animal Behavior)》 2008년 3월호에 발표한 바에 따르면, 그것은 가축화 덕분이다. 부에노스아이레스대학교의 마리아나 벤토젤라(Mariana Bentosela)와 동료 연구자들은 2008년 7월 《행동과정(Behavioural Processes)》 저널에서, 개가 숨겨진 음식을 찾기 위해 인간의 손짓과 몸짓과 시선의 방향과 접촉을 신호로 추적한다고 밝혔다. 또한 개는 보상을 찾는 데 더 많은 정보가 필요할 때 조련사를 응시한다.

아울러 일부 개는 놀랍도록 많은 단어를 익힐 수 있다. 영리한 보더콜리 '리코'가 어린아이도 사용하는 단축 기법(fast-tracking)이라는* 기술을 이용해 200가지가 넘는 물체의 이름을 터득했다고, 역시 막스플랑크재단 진화인류학연구소의 줄리안 카민스키(Juliane Kaminski)와 동료들이 2004년《사이언스》에 보고했다. 연구자들은 리코의 장난감들 사이에 새로운 물건을 집어넣은 후 그것을 가져오게 했다. 리코는 친숙하지 않은 명칭을 친숙하지 않은 물체와 짝지음으로써 그 과제를 완수했다. 그리고 한 달이나 지난 후에도 그 장난감의 이름을 기억했다.

*순차적으로 진행되는 활동들의 연관 관계를 병렬로 작업함으로써 일정을 단축시키는 기법.

"우리는 그런 단축 기법이나 배제 학습 방식은* 오로지 인간, 그리고 (언어를 배우는) 말하는 유인원만이 사용할 수 있다고 생각했습니다." 코렌은 말한다. "심리학자들은 '우와, 어떻게 그 단어를 배웠지?!' 하고 깜짝 놀랐죠."

*친숙하지 않은 명칭을 접했을 때 친숙한 물체를 배제하고 남는 것과 짝짓는 방식.

1-12 오징어는 날 수 있다

페리스 자브르

2001년 여름 자메이카의 북부 해안에서 항해 중이던 해양생물학자 실비아 마르시아(Silvia Marciá)는 무언가가 바다에서 솟구쳐 나오는 것을 발견했다. 처음에는 날치, 즉 어마어마한 속도로 수면을 찢고 나와 큰 가슴지느러미로 허공을 미끄러져 포식자를 피하는 바닷물고기의 한 종류일 것이라고 생각했다. 그렇지만 그 생물이 그리는 우아한 곡선을 몇 초쯤 눈으로 좇던 마르시아는, 그것이 물고기가 아님을 깨달았다. 그것은 오징어였다. 그것도 비행하는 오징어.

마르시아는 남편이자 동료 생물학자인 마이클 로빈슨(Michael Robinson)과 함께 그 비행 두족류가 카리브 해에 사는 카리브암초오징어(*Sepioteuthis sepioidea*)임을 밝혀냈다. 그것은 길고 높낮이가 있는 지느러미를 가진, 유연한 어뢰 모양의 생물이다. 그들은 그 20센티미터 길이의 연체동물이 아마도 선체 바깥쪽의 엔진 소음에 놀라 뛰쳐나왔으리라고 생각했고, 그 생물의 비행 높이와 거리를 각각 2미터와 10미터로 추정했다. 비행 거리는 오징어 몸길이의 50배다. 게다가 그 오징어는 비행하는 동안 마치 비행을 유도하듯이 지느러미를 뻗고 촉수를 방사형으로 펼쳤다.

"거의 원형으로 팔들을 펼쳐서, 그 팔들로 이런 기묘한 동작을 하고 있었어요." 플로리다의 배리대학교에서 강의하는 마르시아는 말한다. "지느러미를 가능한 한 쫙 펼쳤는데, 정말로 나는 것처럼 보였어요. 물에서 우연히 솟구쳐 나온 게 아니라, 특정한 방식으로 자세를 유지하고 있었어요. 무언가 적극적인 동작을 하고 있었지요."

오징어 감시

마르시아와 (마이애미대학교의) 로빈슨은 한 연체동물 전문 리스트서브(LISTSERV)를* 통해, 비행 오징어를 목격한 다른 연구자들을 수소문했다. 그 부부로서는 개인적으로 처음 관측한 현상이었다. 과학자들의 응답이 쇄도했고, 결국 부부는 그들과 함께 2004년 《연체동물 연구지(Journal of Molluscan Studies)》에 공동 연구 결과를 발표했다. 그 논문에는 적어도 여섯 종의 오징어가 때로는 혼자서, 때로는 무리 지어(때로는 배의 속도를 따라잡거나 갑판에 올라올 정도의 거센 힘으로) 바다에서 뛰쳐나와 파도타기 하는 것을 보았다는 목격담이 나온다. 그렇지만 그 논문에 사진이나 영상은 전혀 없다. 증거는 대체로 일화에 머문다. 비행하는 오징어에 대한 문헌 기록의 예는 믿기 어려울 정도로 드문 것이 사실이다. 너무 눈 깜짝할 사이에 일어나는 일이기 때문이다.

*목록에 있는 사람들에게 자동으로 이메일을 전송하는 프로그램.

그러나 은퇴한 지질학자이자 아마추어 사진가인 밥 훌스(Bob Hulse)는 브라질 해안의 한 유람선에서, 비행하는 오징어의 사진 증거 중 어쩌면 최고로 손꼽힐 만한 장면을 포착했다. 훌스는 그 사진을 하와이대학교의 해양학자인 리처드 영(Richard Young)에게 보냈고, 영은 다시 해양생물센서스(Census of Marine Life)의 수석과학자인 론 오도르(Ron O'dor)에게 보냈다. 오도르는 그 사진을 분석하면 그간 적절한 문헌 자료가 부족해 제대로 연구할 수 없었던 오징어의 항공역학을 더 잘 이해할 수 있겠다고 생각했다.

"홀스가 버스트방식(burst mode)으로* 촬영했기 때문에, 저는 프레임 사이의 간격이 얼마인지 정확히 알고 공중을 나는 오징어의 속도를 계산할 수 있었습니다." 오도르는 말한다. "우리는 지금 비행하는 오징어가 수십 종은 된다고 생각합니다. 오징어는 물 위를 미끄러질 수 있으니, 아마 공중에서도 같은 원리로 움직이고 미끄러질 수 있을 겁니다. 사진들 중 몇 장을 보면 지느러미를 약간 날개 비슷한 식으로 사용하고 있는 것 같습니다. 그리고 일종의 양력면** 비슷한 모양으로 팔을 구부리고 있지요."

*데이터가 모두 전송될 때까지 중단 없이 고속으로 전송하는 방식.

**양력(揚力), 즉 유체(流體) 속을 운동하는 (비행기의 날개 같은) 물체에 운동 방향과 수직 방향으로 작용하는 힘을 받는 면(面).

지느러미에서 날개로

2004년 논문의 저자들은, '미끄러짐'이 오징어가 대양에서 공중으로 솟구칠 때 하는 동작을 묘사하기에는 너무 수동적인 용어라고 주장한다. '비행'이 더 적절하다는 것이다.

"우리의 관측에 따르면 오징어는 비행 시간을 늘리기 위한 동작들을 하는 것 같았습니다." 마르시아는 말한다. "우리의 공저자들 중 한 사람은 오징어가 실제로 지느러미를 펄럭이는 것을 보았습니다. 비행 중에 물을 내뿜는 것을 본 사람들도 있고요. 우리는 적극적 함의를 띤 '비행'이라는 용어가 더 적절하다고 느낍니다."

비행 오징어가 지느러미 펄럭임과 나선형 촉수에서 어떤 항공역학적 이득을 얻는지는 명확하지 않지만, 일부 연구자들은 이런 행동이 양력을 더해주고 최초의 힘이 소진된 후 비행을 안정시키는 데 도움을 준다고 가정한다. 물속에서 일부 오징어는 촉수를 거미줄처럼 펼쳐서 뒤로 헤엄칠 수 있다. 몇몇 과학자들은 이러한 동작으로 그들이 촉수를 날개처럼 이용할 수 있다는 견해를 내놓는다. 나아가 촉수들의 위치를 재빨리 바꾸는 것은 일종의 제동장치 역할을 할 가능성이 있다.

일부 오징어는 그런 섬세한 공중 곡예에 의존하지 않는다. 그 대신, 훌스가 포착한 오징어처럼, 힘으로 공기를 가르고 전진한다. 2004년 논문의 공저자 중 한 사람은 오스트레일리아 시드니의 해안으로부터 약 370킬로미터쯤 떨어진 곳에서 화살오징어(*Nototodarus gouldi*)처럼 보이는 수백 마리의 오징어가 가다랑어에게 쫓기는 광경을 목격했다. 오징어 떼는 반복적으로 바다에서 솟구쳐 나오고, 물을 뒤로 내뿜으면서 공중을 날았다. 일부는 3미터 높이까지 솟았고, 총 8~10미터 거리를 날기도 했다.

대면 또는 회피

이 모든 비행하는 오징어 종이 우선 물에서 나오려면 제트추진이 필요하다.

오징어는 막(몸을 둘러싼 부드러운 근육 조직의 망토)을 펼쳐 물을 한껏 머금는다. 그 후 재빨리 수축해 갇힌 물을 머리 아래에 있는 깔때기 또는 수관(水管, siphon)이라는 유연한 관을 통해 쏘아 보낸다. 오징어는 이 깔때기의 위치를 바꿈으로써 거의 어느 방향으로든 추진력을 얻을 수 있다. 물속에서는 제트 분사를 이용해 날쌘 먹이를 덮치고 무서운 포식자를 피한다. 그렇지만 더러 분사로 해류를 헤치고 가는 것만으로는 안전히 도망치기에 역부족일 때가 있다. 가끔은 물속을 완전히 벗어날 필요가 있다. 그래서 비행을 하는 것이다.

생물학자들은 여전히 오징어 항공역학의 기전을 완전히 이해하지 못하지만, 쌓여가는 일화와 사진 증거를 바탕으로 그 현상이 실제이고 드물지 않게 일어난다는 점만큼은 조금도 의심하지 않는다. "몇몇 오징엇과의 경우 비행은 전혀 드문 일이 아닙니다." 스미소니언재단의 오징어 전문가 마이클 베치온(Michael Veccione)은 말한다. 특히 빨강오징엇과(*Ommastrephidae*)와 손톱오징엇과(*Onychoteuthidae*)는 높이 날기로 유명하다. "아침에 배 갑판에서 오징어를 발견하는 일은 드물지 않습니다." 베치온은 덧붙인다. 그의 설명에 따르면, 낮 동안 포식자를 피해 어두운 심해에 머물던 오징어가 밤에 먹이를 찾아 더 얕은 물로 왔다가 당황해서 물에서 뛰쳐나와 배로 뛰어드는 일이 흔하다고 한다.

이런 다음 날 아침의 만남이 흔하다고는 해도, 비행 동작 중인 오징어를 포착하기란 여전히 쉽지 않은 일이다. "너무 순식간에 일어나는 일이라서요." 마르시아는 말한다. "때와 장소가 딱 맞아떨어지지 않으면 안 되죠."

2

부모와 아이

2-1 아기는 엄마보다 아빠를 더 닮는다

존 맷슨

2세들의 코는 정말 제 아버지를 닮을까?

흔히 아기는 엄마보다 아빠를 닮는 경우가 더 많다고들 하는데, 그 주장에는 합리적인 진화론적 설명이 있다. 아버지는 어쨌든 아기가 자기 씨인지 엄마처럼 확신하지 못하고, 자신의 자원을 친자식에 투자할 가능성이 더 높다. 그렇다면 인간의 진화 과정에서, 적어도 초기에는 아버지를 닮아서 아버지의 씨임을 확인시켜주는 아이가 선호되었을 가능성이 있다.

1995년에 이 아버지 닮음설(paternal-resemblance hypothesis)을 어느 정도 뒷받침하는 과학적 연구 결과가 나왔다. 《네이처》에 게재된 그 연구에서 캘리포니아대학교 샌디에이고캠퍼스의 니콜라스 크리스텐펠드(Nicholas Christenfeld)와 에밀리 힐(Emily Hill)은, 사람들이 한 살짜리 아이의 사진을 가지고 어머니보다 아버지를 더 잘 알아맞힌다는 것을 보여주었다. (《사이언티픽 아메리칸》은 네이처 출판그룹 소속이다.)

사건 종결이라고? 천만의 말씀이다. "그것은 무척 성차별적인 결과이고, 유혹적이며, 진화심리학이 기대할 법한 것입니다. 그리고 저는 그게 오류라고 봅니다." 프랑스국립과학연구센터의 심리학자 로베르 프렌치(Robert French)는 말한다. 몇 년간 축적된 후속 연구들은 1995년 논문과 모순되는 결과를 《진화와 인간 행동(Evolution & Human Behavior)》에 발표했는데, 어린아이는 양쪽 부모를 동등하게 닮는다고 한다. 일부 연구들에서는 신생아가 아버지보다 어머니를 더 닮는 경향도 나타났다.

프렌치와 벨기에 리에주대학교의 세르주 브레다르(Serge Brédart)는 《진화와 인간 행동》에 발표된 1999년 연구에서, 닮음을 연구한 앞의 실험 결과를 복제하려고 했지만 실패했다. 한 살, 세 살, 다섯 살 아이의 사진을 이용한 부모 알아맞히기 실험에서, 피험자는 어머니와 아버지를 똑같이 잘 알아맞혔다.

동일한 학술지에 실린 좀 더 최근의 연구는 크리스텐펠드와 힐 또는 브레다르와 프렌치의 실험에서보다 더 많은 사진을 이용했고, 여전히 대다수 유아가 부모를 똑같이 닮는다는 결과를 내놓았다. "크리스텐펠드와 힐의 실험보다 훨씬 많은 아기 표본을 바탕으로 한 우리 연구는, 아버지를 더 닮은 아기가 있는가 하면 어머니를 더 닮은 아기도 있고 대다수 아기는 부모 양쪽을 동일한 정도로 닮는다는 사실을 보여줍니다." 2004년 연구의 공저자인 이탈리아 파도바대학교의 심리학자 파올라 브레산(Paola Bressan)은 말한다. 브레산은 자신이 아는 한 아기가 아버지를 더 닮는다는 1995년의 발견을 "복제하거나 뒷받침한 연구는 하나도 없었습니다"라고 덧붙인다.

《진화와 인간 행동》에 각각 2000년과 2007년에 실린 두 연구는 관련 없는 사람들의 평가를 바탕으로, 신생아가 실제로 태어나고 첫 사흘간은 아버지보다 어머니를 더 닮는다는 결과를 내놓았다. 반면 아기의 어머니는 아기가 아버지와 닮았다고 강조하는 경향을 보였다. 그것 역시 진화론적으로 설명이 가능하다고, 조지아서던대학교의 켈리 맥레인(D. Kelly McLain)과 동료들은 말한다. “어머니가 말하는 닮음의 편향은 실제 닮음을 반영하는 게 아니라 아버지에게 그 자신이 아이 아버지임을 확신시키기 위한 진화적 또는 조건적 반응일 수 있다.” 연구자들의 견해다.

맥레인과 동료들은 심지어 진화적 압박 때문에 실제로 신생아가 아버지를 덜 닮게 되었을 가능성도 있다고 추론한다. 추정되는 아버지가 속았다 하더라도 아이를 보살피도록 만들기 위해서 말이다. 아버지를 많이 닮은 경우와 적게 닮은 경우 모두 진화론적으로 설명 가능하다는 사실은, 인간의 미묘한 특성들을 수백만 년에 걸친 진화상 변화들과 연결 짓기가 얼마나 어려운가를 보여준다. “진짜 진화의 산물과 ‘그냥 그럴싸한’ 이야기를 분간하기란 그리 쉬운 일이 아닙니다.” 프렌치는 말한다.

2-2 인공생식으로 태어난 아이는 병약하다

케이티 코팅엄

인공배란 같은 보조생식술(assisted reproductive technology, ART)을 통해 착상된 아이들은 대부분 문제가 없지만, 최근의 일부 연구는 이러한 불임 해결책들이 과연 약속처럼 안전한지 의문을 제기하고 있다. 이렇게 중요한 세포에 대한 폭넓은 조작에는 우려가 따를 수밖에 없고, 힘들게 얻은 아이의 장기적 건강 상태에 관한 보고서들은 서로 모순되는 결과를 내놓는다. 몇몇 연구에 따르면 저체중아, 어느 시점에서 일어나는 희귀한 질병, 심지어 사망률 증가의 위험이 나타난다.

우선 2009년 7월에 발표된 한 연구에서, ART 배아는 몇몇 차원에서 건강 상태가 더 나쁜 것으로 보인다. 2010년 1월의 또 다른 논문은, ART 배아의 유전자가 비ART 배아와는 다른 후성유전적 표지(epigenetic mark)를* 가졌음을 보여준다. 그리고 난자와 정자와 배아를 피펫으로 빨아올리고 방출하고 배양접시에 놓아두는 ART의 전형적인 실험실 절차는, 몇몇 연구자와 예비 부모 양측에게 우려를 안긴다. 캐나다 아동건강연구재단과 웨스턴온타리오대학교에서 연구하는 멜리사 맨(Mellissa Mann) 같은 과학자는 이런 조작들이 ART 아기의 건강에 영향을 미칠 수도 있다고 본다.

*DNA의 염기서열이 변화하지 않은 상태에서 유전자 발현이 조절되었다는 표지.

"이제 인구의 적지 않은 부분을 차지하는 ART 아이들의 안전성에 대해 더 많은 주의를 기울여야 합니다." 중국 저장대학교 의과대학부속여성병원의 산부인과 의사인 허펑 황(He-Feng Huang)은 말한다. 과연 2009년 《인간의 생식(Human Reproduction)》에 실린 한 연구에 따르면, ART 시술은 갈수록 증가 추세이고 이른바 시험관 아기가 매년 전 세계적으로 25만 명가량 태어나는 것으로 추정된다.

ART에는 몇 가지 기술이 이용된다. 인공배란의 경우, 난자 생산을 자극하도록 여성의 몸에 다량의 호르몬이 투여된다. 난자와 정자들은 체외수정이 일어나도록 접시에 함께 놓인다. 남자의 생식력이 떨어지는 경우에는 단 하나의 정자세포를 선택해 난자에 주입함으로써 강제 수정을 하기도 한다. 또 다른 방식인 착상전유전진단(pre-implantation genetic diagnosis, PGD)은 초기 단계에 있는 체외수정 배아에서 세포 한두 개를 떼어내 다양한 질병에 대한 유전 검사에 이용한다.

분자 변화

2009년 중국과학원과 난징의과대학교 소속의 생물학자 란 훠(Ran Huo)와 치 저우(Qi Zhou) 및 동료들은 건강상 영향 연구(health outcomes work)를 실시해, 체외수정과 PGD를 거친 생쥐를 체외수정만 거친 생쥐와 비교했다. 연구팀이 《분자 세포 프로테오믹스(Molecular and Cellular Proteomics)》에 보고한 바에 따르면, PGD 생쥐는 대조군에 비해 더 건망증이 심하고 뚱뚱하며 미엘린(신경을 감싸 전기 신호가 신경세포를 신속히 오가게 해주는 지방질)이 부족했다. 또한 신경 퇴화적 질병과 관련된 단백질도 비정상적 수치를 나타냈다.

비록 생쥐 실험 결과가 인체 실험 결과에 항상 들어맞는 것은 아니지만, 실험실 동물 연구는 "우리가 인간을 연구하면서 절차의 효과와 생식력 문제를 분리할 수 없기 때문에" 유용하다. 예를 들어 ART 아기의 사망 요인이 ART 기술 때문인지, 아니면 부모 중 한쪽이 낮은 생식력과 유아의 사망에 기여하는 돌연변이를 가져서인지 파악하기 어렵다.

멜리사 맨의 연구팀은 2010년 ART와 후성유전학(epigenetics) 연구에서, 생쥐를 이용해 인공배란 절차 이후의 네 가지 유전자 변화를 검사했다. 연구팀은 DNA의 사이토신 염기에 메틸기를 붙이는 메틸화 반응을 관찰했다. 메틸화는 보통 유전자들을 침묵시켜 발현을 막는다. 맨의 팀은 인공배란이 생쥐의 메틸화에, 그리고 아마도 그것을 유지하는 데 영향을 미친다는 결과를《인간 분자유전학(Human Molecular Genetics)》에 보고했다. 발달 초기에 메틸화가 교란되면 인간에게 벡위스비데만증후군(Beckwith-Wiedemann syndrome, 과다발육장애) 같은 질환이 유발될 수 있다. 같은 저널에 2009년 10월 발표된 다른 연구팀의 연구는, 인간의 후성유전학(DNA를 제외한 유전자 변화들)에 미치는 ART의 효과를 살펴보았다. 그들은 ART 배아의 제대혈과 태반에서 몇몇 인간 유전자의 메틸화 결함을 발견했는데, 이는 비슷한 효과가 인간에게도 나타날 수 있음을 짐작케 한다.

인과관계

분자 연구들이 보여주는 그림은 다소 흐릿하지만, 연구자들은 이런 차이점의 결과와 원인을 우리가 알지 못한다는 점을 경고한다. "아직까지는 어떤 확고한 결론을 내리기가 어렵다고 생각합니다." 노르웨이 세인트올라프대학병원에서 불임치료의 겸 연구자로 일하는 리브 벤테 로문트스타드(Liv Bente Romundstad)는 말한다.

로문트스타드의 팀은 ART의 영향과 생식력 문제를 구분하기 위해 한 번은 ART로, 한 번은 자연적으로 임신한 어머니들을 연구했다. ART 시술을 받기 전이나 받은 후에 아이를 낳은 적이 있는 여성들은 생식력에 문제가 없을 거라는 생각이었다. 쌍둥이 출산은 배제되었는데, 로문트스타드의 설명에 따르면 쌍둥이는 자연적으로 착상된 경우에도 합병증의 위험이 매우 높기 때문이다.

ART 아기들은 전체 인구에 비해 저체중으로 태어나고 출생기 사망률이 증가하지만, 형제들과 비교하자 그 위험은 사라졌다. 2008년 8월 《랜싯(The Lancet)》에 발표된 그 분석에 따르면, "우리가 연구한 불임 치료 결과들은 그 자체로 어떤 추가적 위험을 더하는 것 같지 않습니다." 로문트스타드는 말한다.

그렇지만 걱정할 이유가 사라진 것은 아니다. 유럽인간유전학회(European Society of Human Genetics) 회담에서, 파리의 포르루아얄산부인과병원에서 임상유전학을 연구하는 제랄딘 비오(Geraldine Viot)는 프랑스 ART 센터들에서 실시한 대규모 연구 결과를 내놓았다. ART 아동이 선천적 기형을 발달시킬 위험은 정상보다 살짝 높은 수준이었지만, 벡위스비데만 같은 후성적 장애를 발달시킬 위험은 4.5~6배 더 높았다.

그렇다면 ART는 안전한가? "우리는 여전히 ART가 장기적으로 어떤 결과를 가져올지 모릅니다. 이 아이들 중 다수는 아직 생식 연령 전이니까요." 맨은 지적한다. 로문트스타드는 비록 건강상 영향들이 나중에 드러날 가능성도 있지만 자신은 불임 치료를 계속할 거라고 말한다. "사람들에게 겁을 주기에는 아직 때가 좀 이른 것 같지만, 여기에 초점을 맞추고 연구를 지속하는 것은 중요하다고 생각해요." 그는 말한다.

2-3 아빠도 산후 우울증을 겪을 수 있다

캐서린 하먼

남자는 임신을 못 하는 것이 사실이지만, 남자가 젖이 나오거나 임신통을 느낀다는 희한한 이야기가 뉴스에 이따금 등장한다. 그렇다면 남자들이 산전 및 산후 우울증을 앓을 수도 있을까?

이전 연구는 새로 아빠가 된 남성들에게서 1퍼센트에서 25퍼센트에 걸친 다양한 우울증 정도를 발견했다. 그러나 《미국의학협회저널(Journal of the American Medical Association, JAMA)》에 발표된, 총 2만 8,000명 이상의 아버지를 대상으로 한 43건의 연구에 대한 메타분석 결과, 배우자의 임신 첫 3개월에서 아이의 첫돌에 이르는 기간 동안 평균 10.4퍼센트의 남성이 우울증을 겪었다는 점이 밝혀졌다.

남성의 산후 우울증 비율은 출산 후 3개월에서 6개월 사이(25.6퍼센트), 그리고 미국에서(국제적 수치 8.2퍼센트에 비해 높은 14.1퍼센트) 가장 높았다. 이 모든 수치는 연간 성인 남성 우울증 비율인 4.8퍼센트를 크게 상회한다(그래도 23.8퍼센트로 추정되는 어머니 쪽의 산전 및 산후 우울증 비율보다는 낮다).

"이는 아버지의 산전 및 산후 우울증이 공중보건 분야의 상당한 근심거리임을 보여준다." 새로운 논문의 저자들은 그렇게 결론 내렸다.

많은 엄마가 이른바 베이비블루스를 겪는데, 이는 아기를 낳고 처음 며칠간 느끼는 불행한 기분이다. 그렇지만 어머니와 아버지 양측의 산후 우울증은 오래 지속되는 증상으로 "가정과 아동에게 매우 심각한 결과를 초래할 수 있습니다"라고, 이스턴버지니아의과대학교의 소아과 의사인 제임스 폴슨(James Paulson)은 말한다. 그는 앞서 언급한 메타분석을 주도했다. 부모 우울증의 극단적인 사례는 자살이나 아기 학대 또는 방치로 이어질 수 있지만, 아버지 쪽의 그다지 심하지 않은 우울증도 그 후 몇 년간 아이에게 지속적으로 부정적 영향을 미친다는 사실이 입증되었다.

어려운 진단

어머니의 산후 우울증은 최근 몇 년간 다소 폭넓게 논의된 (그리고 진단된) 이슈였다. 그러나 그 비슷한 증상을 겪는 아버지를 찾아내기는 쉽지 않았다. 진단용 설문지는 슬픔 등의 상태에 관한 질문에 초점을 맞추는데, 남자는 흔히 그런 감정을 인정하지 않는다. 그리하여 일부 연구자는 짜증, 감정적 침잠, 무심함 같은 문제를 포함하도록 어휘를 바꾸자는 주장을 내놓았다. 남자의 경우에는 그런 것들이 우울증의 징후일 수 있다고, 폴슨은 말한다.

덧붙여 "남자들은 우울해하지 않는다는 문화적 미신이 퍼져 있습니다." 캘리포니아 오클랜드에서 심리치료사 겸 연구자로 일하는 윌 코트네이(Will Courtenay)는 말한다. 그는 하버드의과대학의 연계병원인 맥린병원과 협력하여 실시한 아버지 산후 우울증에 관한 연구를 마무리하고 있다. "그 문화적 신화 때문에 남자들은 흔히 자신이 우울해하면 안 된다고 생각하고, 우울할 때는 그 사실을 숨기려고 애씁니다."

2-3

새로 부모가 된 사람들은 정신 건강 기록이 깨끗한 경우라도 다양한 증상을 겪곤 하는데, 그 증상들은 종종 (피로, 식욕 변화, 불안 같은) 우울증과 관련된다. 유아의 부모에게는 "정상적으로 식사를 하거나 여덟 시간 동안 잠을 잘 여유가 없습니다." 폴슨은 지적한다. 그러니 피로 같은 보통의 우울증 표지를 분석하려는 것은 까다로운 일일 수 있다. 그렇지만 명확한 임상적 우울증이 발병한 적 있는 사람들은 양육에 관련된 일반적 문제를 넘어서는 신호를 보인다. 지속적인 무심함, 절망이나 무가치한 기분, 죽음에 대한 생각 같은 것들이다.

마지막으로 보통 신참 아빠는 신참 엄마에 비해 의사와 소아과 의사를 덜 만나는데, 출산 후 처음 1년간 진찰실에 아기를 더 자주 데려오는 쪽은 둘 중 엄마이기 때문이다. 어머니 쪽 우울증을 검사하는 방법이 비록 완벽과는 거리가 멀어도, 그들이 보건 체계와 더 정기적으로 접촉한다는 사실을 감안하면 그 편이 훨씬 쉬운 방법이라고, 뉴욕 《JAMA》가 주최한 2010년 기자회견에서 폴슨은 지적했다.

아빠 생리학

직접 아기를 낳는 여성은 그간 임신 중 및 산후의 생리적·심리적 변화 연구의 최우선 초점이었다. 그렇지만 좀 더 최근 문헌들은 아빠에게서도 변화를 밝혀내기 시작하고 있다. 몇몇 연구 결과 예비 아빠와 신참 아빠에게서 호르몬 변화가 나타났다고, 폴슨은 지적한다. 비록 아무도 이런 변화를 우울증과 구체적으로 연결 짓지는 못했다고, 서둘러 덧붙였지만 말이다. 그러나 이런 변화 가운데 여러 가지는 동일한 시기에 여성의 신체에서 일어나는, 에스트로겐과 프로락틴의* 증가 같은 변화와 맞아떨어진다고, 코트네이는 말한다.

*젖분비호르몬.

새로 부모가 됨으로써 수면을 박탈당하는 것은 뇌의 신경화학적 균형에 변화를 일으켜 우울증 위험 요인을 가진 사람들을 좀 더 취약하게 만들 수 있다. "일종의 이중 타격이죠." 코트네이는 말한다. "이 모든 호르몬 변화와 수면 박탈에 의한 뇌의 신경화학적 변화는 남성에게 큰 문제를 초래할 수 있습니다."

아빠 쪽 산전 및 산후 우울증에 대한 연구가 부족하기도 해서, 전문가들은 아직 아빠 쪽 위험 요인에 관한 한 개괄적 수준에 머물러 있다. 우울증의 개인력은 아버지에게든 어머니에게든 위험 요인이고, 아픈 아기나 재정적 압박 또는 부부 간의 문제 역시 그렇다. 사회적 기대가 변화하면서 아빠들에게 육아에 더 많이 참여하라는 압박까지 더해져 많은 신참 아빠는 무력감을 느끼고 불안과 우울증의 더 큰 위험에 노출된다고, 코트네이는 말한다.

우울한 아빠는 위험하다

우울한 어머니와 마찬가지로 우울증을 겪는 아버지 역시 아동의 발달에 부정적 영향을 미칠 수 있다.

"우울한 아빠는 아이와 교류를 덜 하고 덜 가까운 관계를 맺는 경향이 있습니다." 폴슨은 지적한다. 그는 우울증을 가진 아버지가 아이에게 책을 읽어줄 가능성이 낮고, 그 아이는 언어 능력이 뒤처질 가능성이 높다는 공동 연구 결과를 내놓았다.

영국 아동 1만 명 이상을 대상으로 한 연구 결과가 2005년《랜싯》에 발표되었는데, 그에 따르면 "산후 시기 아버지의 우울증은 3.5세의 아동에게 부정적인 정서와 행동을 유발할 가능성이 있다." 옥스퍼드대학교의 폴 람찬다니(Paul Ramchandani)가 이끄는 연구진의 결론에 따르면, 이 연관성은 엄마 쪽 우울증을 통제했을 때도 나타났다.

《아동 심리학 및 정신의학 저널(Journal of Child Psychology and Psychiatry)》에 발표된 또 다른 연구는, 유아기 초기에 아버지가 우울증을 겪었던 아동이 취학 연령에 이르러 행동 문제를 일으킬 가능성이 더 높다고 밝혔다. 폴슨은 그 결과에 대해 "무척 우려스럽습니다"라고 말했다. 역시 람찬다니가 주도한 종적 연구는, 산전 단계와 생후 1개월 때 아버지가 우울증을 겪은 아동이 "이후 정신병 문제를 일으킬 위험이 가장 높았음"을 발견했다. 그리고 그 결과는 특히 우울증이 심한 아버지를 둔 소년에게서 두드러지게 나타났다.

또한 아빠가 겪는 우울증은 엄마가 겪는 우울증과 상호 관련이 있어 보인다. 반드시 한쪽의 우울증이 다른 쪽의 우울증으로 이어지는 것은 아니지만, 이런 유형의 우울증을 겪는 배우자를 둔 개인은 자신도 우울증을 겪을 확률이 높아지는 듯하다. 폴슨은 이 점에 착안해, 임상의들이 부부 중 한쪽에게 우울증이 있는 경우 그 배우자도 진찰해야 한다고 말한다. 그러나 그의 말에 따르면, 아직 "우리는 그 영향력이 어느 방향으로 흐르는지 모릅니다."

아빠의 우울증 대처하기

여러 해 동안 아빠 쪽 산후 우울증을 연구해온 폴슨을 놀라게 한 것은, 미국의 연구와 그 외 지역의 연구에서 우울증 비율이 큰 차이를 보인다는 사실이었다. 미국의 아버지들은 산전 및 산후 우울증의 비율이 다른 지역에 비해 거의 두 배나 높아서, 폴슨과 그의 공저자로 역시 이스턴버지니아의과대학교에 몸담고 있는 샤르네일 베이즈모어(Sharnail Bazemore)는 "각국의 다양한 사회적 표준과 산후 근로 관행을 비교하는" 후속 연구를 제안하게 되었다.

어머니의 경우와 마찬가지로, 아버지 쪽의 산후 우울증은 아이가 태어나고 3개월에서 6개월 사이에 치솟는 듯하다. 폴슨은 이 현상에 대해, 많은 어머니가 3개월의 출산휴가 후 직장으로 돌아가는 미국의 흔한 관행과 관련이 있어 보인다고 고찰한다. 그것은 가정에서의 책임을 전가할 수 있기 때문이다. 또한 그는 그 무렵부터 아기가 좀 더 부모를 힘들게 하기 시작한다는 데도 주목한다.

폴슨은 일가족 전체에 초점을 맞추고, 우울증을 "개인 문제가 아니라 가족 문제로" 대처하는 치유법을 찾기를 권한다.

코트네이는 아버지 쪽(어머니 쪽도) 우울증이 애초에 문제가 되지 않도록 예방하는 데 도움이 될 방법을 제시한다. 가장 좋은 방법은 그 모든 것에 대해 위험 요인을 점검하는 긴 체크리스트를 가지고 "아기가 태어나기 전에" 미리 대처하는 것이라고, 그는 말한다. 우울증 병력이 있다면, 재발에 대비하고 치유법을 신속히 찾기 위한 계획을 세워둔다. 부부 갈등이 있는 경우에는 임신

전이나 임신 중에 상담을 비롯한 도움을 구한다. 예비 아빠가 새로운 역할과 책임에 관해 불안을 느끼고 있다면, 육아 강좌를 들어야 한다. "그런 문제들을 미리 정리해두면" 파괴적인 아버지 우울증을 예방하는 데 도움이 될 수 있다고, 코트네이는 말한다.

연구자들은 아버지의 산전 및 산후 우울증이 존재하며, 약 열 명 중 한 명의 아버지에게 영향을 미칠 수 있다는 인식을 널리 알리는 것이 첫걸음이라는 데 대체로 입을 모은다. 미국에서 매일 1만 명 이상의 아이가 태어나고 임신기나 생후 1년간 미국 아버지들의 14퍼센트 이상이 일종의 우울증을 겪는 상황에서, 우울한 남자들의 "수는 결코 적은 게 아니"라고 코트네이는 말한다.

전문가들은 의료계에, 그리고 일반 대중에 그 문제를 알리기 위해 노력하고 있다. 폴슨은 자신이 아는 아버지 우울증 연구는 대부분 요 몇 년 사이에 발표되었고, 다른 지표들 역시 상승하고 있다고 말한다. 오늘 기자회견에서, 그는 얼마 전만 해도 구글에 '아버지 우울증'이라는 검색어를 입력하면 '어머니 우울증을 찾으셨나요?'라는 검색어 제안이 떴을 거라고 말했다. 하지만 이제는 그 검색어를 입력하면 1만 8,000건 이상의 결과가 순식간에 뜬다.

2-4 남자도 젖을 분비할 수 있다

니킬 스와미나탄

2004년 말 인터넷 무비 데이터베이스(Internet Movie Database)는* 더스틴 호프먼이 갑자기 모유 수유 욕구를 느꼈다고 전했다. (〈레인 맨〉에서 자폐증을 주류 문화에 소개했고, 〈아웃브레이크〉에서는 에볼라 같은 필로바이러스filovirus와 맞서 싸웠던) 67세의 호프먼이 자신의 1982년 출연작인 〈투씨〉의** 캐릭터에서 미처 벗어나지 못한 것일까? 설마. 그는 그저 자신의 첫 손주에게 뭐라도 해주고 싶은 마음이 간절했을 뿐이다.

*영화, 배우, 드라마 등에 대한 정보를 제공하는 데이터베이스.

**좌절한 배우(더스틴 호프먼)가 몰래 여성으로 변장하고 인기 있는 텔레비전 드라마의 역할을 따내는 내용의 영화.

흥미롭게도 그가 젖먹이를 안아서 자신의 젖꼭지를 몇 주간 물리고 있었다면 어쩌면 도움의 손길, 그러니까 도움의 젖줄을 주었을 수도 있다. 아니면 절식을 하거나 뇌하수체에 영향을 미칠 약물을 복용해볼 수도 있었으리라.

문학작품에는 남자가 모유 수유를 하는 기적을 묘사한 예가 널려 있다. 《탈무드》에서 그렇고, 톨스토이의 《안나 카레니나》에도 배 갑판에서 한 영국 남자의 젖을 빨아 목숨을 부지한 아기에 관한 짧은 일화가 나온다. 약간의 문서화된 인류학적 증거에 따르면, 그것은 가능한 일이다. 1896년의 의학 전서인 《이상하고 기묘한 의학 현상들(Anomalies and Curiosities of Medicine)》의 저자 조지 굴드(George Gould)와 월터 파일(Walter Pyle)은, 젖을 물리는 남자에 대한 목격담 몇 편을 실었다. 그중에는 남아메리카 출신의 남자도 한 명 있었는데, 목격자는 프러시아의 자연학자인 알렉산더 폰 훔볼트(Alexander von Humboldt)였다. 남자는 병에 걸린 아내 대신 유모 노릇을 하고 있었다. 또 브라질에서는 남자 선교사들이 가슴이 쪼그라든 아내 대신 젖 먹이기를 전담했다는 이야기도 있다. 좀 더 최근의 예로, 2002년 AFP는 스리랑카에서 아내가 둘째 아이를 낳다가 죽자 38세의 남편이 유아기인 두 딸에게 젖을 먹였다는 단신을 내보냈다.

의료인류학자인 데이나 라파엘(Dana Raphael)은 1978년 저서 《부드러운 선물 : 모유 수유(The Tender Gift : Breastfeeding)》에서, 젖꼭지를 자극하는 것만으로 남성에게서도 젖 분비를 유도할 수 있다고 주장했다. 조지아의과대학원의 저명한 내분비학자인 로버트 그린블랫(Robert Greenblatt)은 동의했다. 그렇지만 토론토의 의사이자 모유 수유 전문가인 잭 뉴먼(Jack Newman)은 젖을 생산하려면 호르몬이 급증해야 한다고 주장한다. "톨스토이의 그 인용문은 아버지가 아기를 가슴에 대었더니 저절로 젖이 나왔다는 식입니다. 저는 그럴 가능성이 무척 낮다고 봅니다." 그는 말한다. "뇌하수체 종양이 있는 경우에는 아기가 빠는 자극으로 젖이 생산될 수도 있습니다."

뉴먼은 젖을 생산하는 데 필요한 호르몬인 프로락틴과 관련된 의학적 교란에 의해 일시적으로 젖이 분비되었으리라고 설명한다. 20세기 중반에 널리 이용된 정신병 약물 토라진(Thorazine)은 뇌하수체(뇌 아래쪽 근처에 있는 완두콩 크기의 내분비샘)에 영향을 미쳐서 종종 프로락틴의 과잉 생산을 유도했다.

프로락틴이 높은 수치를 유지한다면 젖이 나올 수 있다. 뉴먼에 따르면, 심장약 디곡신(digoxin)의 부작용 목록에 젖 분비가 올라 있다. 뇌하수체 종양 또한 젖 생산을 유도할 수 있다. "이유는 같을 겁니다. 프로락틴 수치 상승이죠. 이 경우에는 약물 때문이지만, 종양을 비롯한 다른 종류의 신경학적 문제 때문일 수도 있습니다."

1995년《디스커버》에 실린 '아버지의 젖'이라는 제목의 논문에서, 퓰리처상 수상자이자 한때 생리학자였던 재레드 다이아몬드(Jared Diamond)는 유두 자극과 호르몬 문제를 한데 합쳐 그런 자극으로 프로락틴이 분비될 수 있음을 시사한다. 또한 (호르몬을 흡수하는 간과 호르몬을 분비하는 샘들의 기능을 억제하는) 굶주림이 일시적 젖 분비를 유도할 수도 있다고 지적한다. 그 예는 제2차 세계대전 때 나치 수용소와 일본 포로수용소의 생존자들에게서 관찰되었다. "영양이 다시 정상적으로 공급되면 샘들은 간보다 훨씬 빨리 회복된다." 다이아몬드는 그렇게 썼다. "따라서 호르몬 수치가 걷잡을 수 없이 치솟는다."

많고도 다양한 포유류 종의 수컷은 젖을 분비할 가능성이 있다. 비록 자발적으로 그렇게 하는 것은 동남아시아의 다약과일박쥐(Dayak fruit bat)가 유일하지만. 그러나 아버지가 육아에 협력하는 것이 사회적 표준일 경우 남성의 젖 분비는 실제로 우리에게 이로울 거라고, 다이아몬드는 말한다. 모든 여성 노동자가 일과 가정 사이에서 균형을 맞추려고 애쓰는 상황에서는 특히 그렇다. 그렇지 않다면 왜 남자에게 아직도 유두가 있겠는가?

"특정한 나이에 이르기 전까지 남자아이와 여자아이는 태아처럼 실제로 구분이 없습니다. 그래서 여성은 수정관의 흔적을 일부 가지고 있습니다. 정자가 따라가는 관이죠." 뉴먼은 대답한다. "Y염색체가 없을 경우 '좋아, 우리 이 아이가 사춘기가 되면 유방 조직이 발달해서 젖을 생산할 수 있게 하자'라고 말하는 특정 호르몬이 분비됩니다. 남자는 그러지[그런 호르몬을 분비하지] 않았고, 따라서 우리 남자들은 보통 유방 조직이 없습니다."

"실제로 상당수의 사춘기 소년에게서 유방이 발달합니다." 그는 말을 잇는다. "그러니 그 조직은 존재하지만, 퇴행을 하죠." 간단히 말해서, 남자는 완전한 유방을 갖추지 못했지만 확실히 젖을 분비할 수 있다. 특정한 상황에서는.

2-5 클래식을 접한 아기는 더 똑똑해진다

니킬 스와미나탄

'모차르트 효과'라는 말을 들으면, 배 속의 태아에게 고전음악을 들려주면 아기의 지능이 향상될 거라는 확신에서 배 위에 헤드폰을 가져다 대는 임신한 여성의 이미지가 떠오른다. 하지만 책과 음반 및 비디오가 쏟아져 나오게 만든 이 생각은 과연 과학적 근거가 있을까?

1993년 《네이처》에 게재된 한 짧은 논문은 의도치 않게 이른바 모차르트 효과를 대중에게 소개했다. 심리학자인 프란세스 라우셔(Frances Rauscher)는 대학생 36명을 대상으로 한 실험에서, 모차르트의 〈두 대의 피아노를 위한 소나타 D장조〉나 명상 음악이나 침묵을 녹음한 것을 10분간 들려준 뒤에 몇몇 공간 추론 과제를 수행하게 했다. 한 검사, 즉 여러 겹으로 접어서 자른 종이가 펼치면 어떤 모양일지를 예측하는 검사에서, 모차르트를 들은 학생들은 상당히 향상된 능력(약 8~9의 공간 지능 점수)을 보여주는 듯했다.

(대다수 과학자와는 달리 종종 음반 안쪽 소개지에 그 자신의 연구 결과가 인용되곤 하는) 라우셔는 이 고전음악의 한정된 효과가 종이접기 과제에서 일반적 지능으로, 그리고 대학생으로부터 아이(그리고 태아)에게로 확장되는지에 관해 아직 결론을 내리지 못했다. "부모들이 아이를 가능한 한 향상시키고 싶어서 절박한 것 같습니다." 그는 요약한다.

그 발견 이후 홍수처럼 쏟아진 상업적 제품들에 더해, 1998년 당시 조지아

주지사였던 젤 밀러(Zell Miller)는 그 주에서 태어나는 아이의 어머니에게 고전음악 음반을 배포하는 것을 법제화했다. 그리고 플로리다의 어린이집에서는 음향 장치로 교향곡을 틀어야 했다.

2004년 스탠퍼드대학교의 한 연구는, 미디어에서 라우셔의 연구를 다룬 양상과 같은 시기《네이처》에 발표된 다른 연구들을 다룬 양상을 비교 추적했다. 상위 50종의 미국 신문에서, 라우셔의 논문 〈음악과 공간 과제 능력〉은 그 다음으로 대중적이던 (유명 천문학자 칼 세이건Carl Sagan이 공저자인) 논문에 비해 8.3회 더 인용되었다.

"'유아 결정론'이라고 불려온 광범위하고 해묵은 믿음이 제한적으로 되살아난 현상처럼 보인다. 발달 초기의 핵심적 시기가 아이의 남은 생애에 되돌릴 수 없는 영향을 미친다는 생각이다." 연구자들은 그렇게 분석했다. "그것은 또한 음악의 유익한 힘에 대한 오랜 믿음을 토대로 한다."

일각에서는 여전히 그런 음악의 힘을 주장한다. "음악은 뇌를 조직하는 데 막대한 영향을 미칩니다." 고전음악가로《모차르트 이펙트》와《아이들을 위한 모차르트 이펙트》를 비롯해 음악과 건강과 교육에 관해 20권 이상의 저서를 발표한 돈 캠벨(Don Campbell)은 말한다. 그는 20세기 중반 난독증과 주의력결핍장애 및 자폐증을 가진 아동에 대한 프랑스 내과의 알프레드 토마티스(Alfred Tomatis)의 음악 치료 작업을 인용하고, 지나치게 감정적이거나 리듬을 너무 강조하지 않는 음악이 기분 조절에서 스트레스 완화까지 개인에게 다층적 영향을 미친다고 믿는다. "그것이 우리의 지적 능력을 향상시킨다는 것을 저는 확실히 압니다." 그는 그렇게 덧붙인다.

그렇지만 지금은 뉴욕 주 스케넥터디의 유니언칼리지에서 심리학을 연구하는 크리스토퍼 차브리스(Christopher Chabris)는 1999년 모차르트 효과의 전반적인 유효성을 조사하려고 그와 관련된 16건의 연구에 대한 메타분석을 수행했다. "나타난 효과는 1.5점의 지능 점수뿐입니다. 그리고 오직 이 종이 접는 과업에 한해서입니다." 차브리스는 말한다. 그는 그 결과가 단순히 검사 배경의 차이 때문에 일어나는 자연적 가변성에서 비롯되었을 수 있다고 지적한다.

그보다 앞선 같은 해에 독일 연방교육연구부(Federal Ministry of Education and Research)는 음악에 소질이 있는 과학자들의 학제간 팀이 제출한, 그 현상이 존재하지 않는다고 선포한 2차 검토 결과를 발표했다. "저는 다만 고전음악을 듣는 아동이 조금이라도 인지 능력이 향상된다는 강력한 증거가 전혀 없다고만 말하겠습니다." 이제는 위스콘신대학교 오슈코시캠퍼스 심리학과 부교수인 라우셔는 덧붙인다. "그건 정말이지 낭설입니다. 제 보잘것없는 의견으로는요."

지능을 향상시키고 싶다면 수동적으로 음악을 들려주기보다 아이의 손에 악기를 들려주라고, 라우셔는 권한다. 총 2만 5,000명의 학생 중에서 음악적 취미 활동에 참여한 학생들이 아무런 음악적 훈련을 받지 않은 학생들보다 SAT와 독해능력 시험에서 더 높은 점수를 받았다는, 캘리포니아대학교 로스앤젤레스캠퍼스의 1997년 연구 결과가 그 근거다.

2-5

하지만 과학계에서 아무리 무시를 당해도, 베이비지니어스 같은 회사들은 아이들이 고전음악을 들으면 더 영리해진다며 부모들에게 고전음악을 판매하는 일을 계속한다.

차브리스에 따르면, 진정한 위험 요인은 이 미심쩍은 마케팅이 아니다. 위험한 것은 부모가 자신의 진화적 의무를 내려놓는 것이다. "그것은 아이들에게 유익한 다른 상호작용을 저해할 수 있습니다." 아이와 함께 놀아주거나 아이가 사회를 경험하게 하는 것 등이 그런 상호작용이다. 오래전에 세상을 떠난 오스트리아 작곡가의 교향곡이 아니라, 그런 상호작용이야말로 아이를 영재로 이끄는 진정한 열쇠다.

2-6 남자는 생체 시계가 있다

앤 캐슬먼

여성의 생체 시계는 대중의 의식에 깊이 새겨져 있다. 중년의 나이에 이르면서 더욱 심화되는 여성의 생식력 감퇴를 똑딱똑딱 소리를 내며 가리키는 시계다. 〈브리짓 존스의 일기〉의 한 장면을 떠올려보자. 브리짓의 삼촌은 그녀가 아무리 바빠도 여성으로서 "그것을 영원히 미룰 수는 없다"고 일침을 놓는다. 생식력 감퇴를 암시하는 것이다. 숙모가 맞장구를 친다. "똑딱, 똑딱." 손가락을 메트로놈처럼 흔들면서.

생체 시계는, 비록 단순한 은유라 할지라도 실제 현상과 관련이 있다. 35세 이상의 여성이 월경주기에서 임신 가능성이 가장 높은 시기에 임신할 가능성은 26세 여성의 절반에 불과하다.

그렇다면 남자도 같은 일을 겪을까?

"여성의 경우 생체 시계는 생식력 감퇴를 향해 움직이고, 나이가 들수록 유전적으로 비정상적인 아기를 낳을 확률이 높아집니다." 뉴욕남성생식력연구소 소장으로 《남성의 생체 시계 : 남성의 노화와 섹슈얼리티와 생식력에 관한 놀라운 소식들(The Male Biological Clock : The Startling News about Aging, Sexuality, and Fertility in Men)》을 저술한 해리 피시(Harry Fisch)는 말한다. "그리고 그건 남자에게 일어나는 일과 정확히 같습니다."

그렇다면 인도 농부인 '나누 람 요기'는 어떻게 2007년에 90세의 나이로 건강한 아기를 낳을 수 있었을까? 여성은 그런 업적을 이룰 수 없을 것이다. 아무리 67세의 '카멜라 부사다'가 의사에게 나이를 속여 체외수정을 받고 2007년 1월에 쌍둥이를 낳은 시대라 해도 말이다. 남자의 생식력은 나이가 들면서 테스토스테론을 따라 떨어지지만, 그래도 0으로 떨어지지는 않는다.

그래도 요기는 확실히 이례적이다. 한 연구에 따르면, 30세 이하 남성이 아버지가 될 확률은 32.1퍼센트인 반면 50세 이상은 20퍼센트였다. 30세에서 50세 사이에 남성의 생식력은 38퍼센트가 감소한다는 뜻이다.

22~80세의 남성 97명을 대상으로 한 연구에 따르면, 평균 총 2.7밀리리터의 정자 부피는 1년에 0.03밀리리터씩 줄어들며 (정자의 운동성을 기반으로 생식력을 나타내는 대략적 지수인) '총 지속운동정자수'는 1년에 약 5퍼센트씩 감퇴한다고 한다.

피시와 동료들은 또한 35세 이상의 여성이 같은 나이의 남성과 낳은 아동이, 더 젊은 남성과 낳은 아이보다 다운증후군을 가질 확률이 더 높다는 사실을 발견했다.

나이 든 남자는 정신 질환 등의 결함이 있는 아이를 낳을 확률이 더 높다는 연구 결과도 있다. 50세 이상의 남성에게서 태어난 1,000명의 아이 중 약 11퍼센트가 정신분열증을 나타낸 데 비해, 20세 이하의 아버지에게서 태어난 1,000명의 아이 중에서는 세 명 이하였다. 그리고 《일반 정신의학 기록(Archives of General Psychiatry)》에 실린 한 연구에 따르면, 40세 이상 아버지에게서 태어난 아이는 아버지가 30세 이하인 경우에 비해 자폐스펙트럼장애를* 가질 확률이 거의 여섯 배나 더 높았다.

*복합적인 발달장애를 이르는 말.

그렇다면 남성 정자는 시간이 지나면서 신선도가 떨어지는 것일까? 이른바 생식세포는 정자 수를 유지하기 위해 분열을 계속해야 한다. 결국 남자는 정자를 폐기할 방법을 찾고(흠흠), 사출된 정자의 생존 기간은 며칠에 불과하다. 50세 무렵 이런 생식세포의 분열 횟수는 840회에 이른다. 이런 분열이 일어날 때마다 오류의 가능성도 생긴다. "세포분열 횟수가 증가할수록 유전적 비정상이 발생할 가능성도 더 높아집니다." 피시는 말한다. 정자에서 이런 돌연변이는 유전자의 기본 DNA 구조에 변화를 일으킨다. 그리고 그렇게 태어난 아이에게서 문제를 일으킬 수 있다.

시애틀 워싱턴대학교의 생물공학 전문가인 나렌드라 싱(Narendra Singh)과 동료들은 다양한 연령대 남자들의 정자를 비교했다. 확실히 35세 이상 남자의 정자는 더 어린 남자에 비해 DNA 손상이 더 많았다. 그리고 건강하지 못한 정자는 세포자살을 할 것으로 추정되지만, 그들이 살펴본 정자 중 일부는 '팀을 위해 희생하는' 능력을 상실했다. 살아남아서 수정될 가능성이 있다는 뜻이다. "이것은 자손의 DNA에서 결함을 유발할 수 있습니다. 결함은 정신장애나 육체 장애로 나타날 수 있습니다." 싱은 말한다.

남자는 이런 해를 예방할 수 있을까? 없다. 그렇지만 완화시킬 수 있을지는 모른다. 악영향을 가속화하는 요소 중 남자가 관리할 수 있는 것이 있다. 알코올, 흡연, 약물과 환경오염, 심지어 커피도 포함된다. 그러니 그들을 피하라고, 싱은 말한다.

2-6

그러나 아무리 이런저런 생활양식 요소를 바로잡는다 해도, 정자의 DNA는 나이가 들면서 갈수록 질이 떨어진다.

"문제는 우리가 [남성] 생체 시계를 되돌릴 수 있는가 하는 것입니다." 정자 건강을 유지하는 다양한 방식을 연구하는 피시의 말이다.

브리짓 존스의 삼촌과 숙모는 브리짓의 연애 상대인 마크 다시에게도 출산을 미루는 것에 대한 타박을 했어야 한다. 그 '똑딱똑딱'은 양성 모두에 적용되는 모양이니 말이다.

3

지구와 우주

3-1 하늘이 녹색으로 변하면 숨어라 - 토네이도가 오고 있다

메러디스 나이트

혹시 뇌우 중에 하늘이 녹색으로 변한다면, 사랑하는 사람과 반려동물을 데리고 지하대피소로 향하라. 토네이도가 오고 있다. 하늘이 위협적으로 변했을 때 (비록 일각에서는 녹색이 우박을 나타낸다고 장담하지만) 중부 미국의 대부분 지역, 그리고 오스트레일리아 등의 토네이도가 잦은 지역에서는 몸을 피하는 것이 상식이다. 그러나 과학적으로 말해서 토네이도 또는 우박이라는 주장을 뒷받침하는 근거는 희박하다. 녹색 뇌우에 대한 근거라면 좀 있지만 말이다.

지난 15년간 소규모의 과학자 팀이 녹색 뇌우에 작용하는 요소들을 프로젝트로 하여 기상학 전문지에 몇 편의 논문을 발표했다. 모든 것이 녹색 하늘과 맹렬한 뇌우의 연관성을 가리키지만, 토네이도나 우박과의 직접적 연관 관계는 성립되지 않는다.

"녹색 하늘은 악천후와 관련이 있습니다." 펜실베이니아주립대학교의 물리학자로, 더러 녹색 뇌우 전문가로 활약하는 크레이그 보렌(Craig Bohren)은 말한다. "토네이도가 흔한 지역에서 녹색 하늘은 녹색 폭풍의 원인으로 여겨집니다. 또는 우박이 녹색을 유발한다는 강력한 주장을 들을 수도 있습니다. 두 가지 설명 다 관찰로 쉽게 반박할 수 있습니다."

연구자들이 직면한 첫 질문은 다음과 같다. 녹색 하늘은 정말 녹색인가, 아니면 일부 녹색 하늘 반론가들의 주장처럼, 땅에서 반사되어 도로 하늘로 올라가는 빛에 의한 착시 현상인가? 유타 주 생화학병기실험소(Dugway Proving Ground)의 미 육군 기상학자인 프랭크 갤러거(Franke Gallagher)는 오클라호마대학교에서 논문 주제로 이 문제와 씨름했다. 그는 토네이도를 추적하는 연구팀 보르텍스(VORTEX)에 합류해, (빛의 색과 강도를 측정하는, 구형 비디오카메라 크기의 도구인) 분광 광도계로 텍사스와 오클라호마의 폭풍이 발산하는 빛의 파장을 기록했다.

갤러거는 일부 심한 뇌우 때 빛의 지배적 파장이 녹색이 되며, 그 색은 폭풍 아래의 지역과는 무관함을 발견했다. 갤러거의 지도교수인 오클라호마대학교 기상학과의 윌리엄 비즐리(William Beasley)는 그것을 이렇게 말한다. "[그는] 녹색 밀밭과 새로 갈아엎어서 적갈색인 오클라호마 토양으로 덮인 밭 위의 녹색 빛 파장을 측정했습니다."

뇌우 때의 위협적인 녹색 하늘은 또한 그것을 동반하는 악천후의 종류와도 전적으로 무관하다는 사실이 밝혀졌다. 갤러거는 하늘이 청회색으로 보이는 전형적인 뇌우 때의 우박 폭풍과 더불어, 지배적인 빛의 파장이 녹색인 우박 폭풍을 측정했다. 마찬가지로 토네이도를 일으키는 폭풍은 그저 어둡다는 공통점 말고는 어떤 특정한 하늘 색깔과도 관련이 없음이 밝혀졌다.

연구진은 여전히 특정 뇌우 때 하늘이 녹색이 되는 정확한 기전을 이해하지 못하고 있다. 그렇지만 대부분은 공중의 수분 함량을 심중에 두고 있다. 수분 입자는 너무 작아서 빛을 굴절시켜 관찰자에게 달라 보이게 만들 수 있다. 이런 작은 물방울은 붉은빛을 흡수해 산란광(散亂光)이 파란색으로 보이게 만든다. 이 파란 산란광에 (이를테면 석양 때처럼) 붉은빛이 지배적인 환경과 짙은 회색의 뇌우 구름이 배경으로 더해지면, 결과적으로 하늘이 흐릿한 녹색으로 보일 수 있다. 사실 녹색 뇌우는 늦은 오후와 저녁때 가장 자주 목격된다고, 비즐리는 말한다.

갤러거는 또한《응용기상학 저널》에 발표된 한 논문에서, 녹색 뇌우의 빈도가 생각보다 잦을 가능성을 제시했다. 뇌우 속에서는 하늘이 매우 어두워지기 때문에, 빛의 순도는 대부분의 경우 관찰자들이 색깔을 파악하기 어려울 정도로 떨어질 수 있다.

녹색 뇌우에 대한 다른 연구는 제한적이고 지원이 부족하다. 펜실베이니아 주립대학교의 보렌이 말하듯이, "정확히 관심을 끄는 연구 주제는 아닙니다. 사실 녹색 뇌우에 호기심을 품는 것은 경력에 해로울 수 있습니다." 예를 들어 당시 미국 하원의장인 뉴트 깅리치 의원실과, 《연방의회의사록》에서 보렌을 맹렬히 비난한 캘리포니아 공화당 의원 리처드 폼보로는 갤러거가 이용한 그 휴대용 분광 광도계의 구입비를 보조한 것에 대해 미국국립과학재단을 조롱했다. (물론 두 정치가 모두 '토네이도 통로'에서는* 환영을 받지 못했다.)

* 텍사스 주의 대평야를 따라 오클라호마, 캔자스 등 북부로 이어지는 토네이도 다발 지역.

콜로라도 주 볼더에 있는 악천후연구소(Center for Severe Weather Research)의 조슈아 워먼(Joshua Wurman)은 동의한다. "저라면 [녹색 하늘을] 토네이도 과학의 뜨거운 이슈 중 하나라고 하지 않겠습니다." 그럼에도 지금 나와 있는 연구 결과들은 심각한 뇌우 때 보이는 녹색 하늘이 실제로 악천후가 일어나는 지역의 주민들에게 제한적이나마 예측력을 제공한다는 것을 가리킨다. 도로시와 그녀의 조그만 개에게 그랬듯이 말이다.

3-2 스모그는 아름다운 석양을 만들 수 있다

코코 밸런타인

로스앤젤레스의 황혼을 그려보라. 그 도시의 미로 같은 8차선 고속도로는 차량 수백만 대로 꽉 막혀 있고, 엔진은 공중에 오염 물질을 뿜어낸다. 차에 탄 사람들은 어쩌면 스모그의 바다에 익사하는 중일지언정 수평선 너머에서 불타는 다홍색 석양을 보면서 위안을 얻을지도 모르겠다.

도시 전설에 따르면, 공기 오염은 석양의 아름다움을 증진한다고 한다. 그리고 오염 물질은 실제로 일몰의 모습을 변화시키지만, 아름다운 쪽으로 변화시키는가 하는 것은 개인 취향(그리고 공중의 전반적인 오염 물질 함량)의 문제다.

정오의 하늘색이든 석양의 타오르는 오렌지 빛이든, 하늘의 빛깔은 햇빛이 주로 질소 및 산소 같은 공중의 분자와 상호작용한 결과다. 분자들은 햇빛이 온 사방으로 반사되게 만드는데, 이 현상을 레일리 산란(Rayleigh scattering)이라고 부른다. 빛의 모든 파장이 산란되지만, 균일하게 산란되지는 않는다. 존 레일리(John W. S. Rayleigh)의 근사 산란 법칙에 따르면, 파장이 더 짧은 색이 가장 많이 산란된다. 보라색, 파란색, 녹색 순이다.

태양이 머리 바로 위에 있는 낮 동안, 빛은 대기권 중 비교적 얇은 층의 짧은 거리만 이동한다. 하지만 태양이 수평선 쪽으로 가까워지면서, 빛은 갈수록 더 먼 거리를 이동해야 하고 더 많은 공기 분자에 의해 산란된다. (우리 눈에 보이는) 이 여정의 끝에 도달할 즈음 "파란색의 대부분은 그 빛에서 산란되어 사라집니다"라고, 국립해양대기청(National Oceanic & Atmospheric Administration, NOAA)의 기상학자 스티븐 코르피디(Stephen Corfidi)는 설명한다. 남는 것은 더 온화한 노란색, 오렌지색, 붉은색이다. 이들은 뒤섞여 노란빛을 띤 오렌지색 석양을 만든다.

그렇지만 질소와 산소에 의한 산란은 단지 석양이 오렌지색이 되는, 그리고 어쩌면 불그스름해지는 원리를 설명할 뿐 하늘이 핏빛으로 붉어지는 이유는 설명하지 못한다. "오염물이 전혀 없는 대기에서는 색각이 정상인 사람에게 '와, 불타는 것 같아!'라는 감탄을 자아내는 석양을 결코 보지 못할 겁니다." 펜실베이니아주립대학교 기상학과의 명예교수인 크레이그 보렌은 말한다. "'오염'이 더 붉은 석양을 만든다는 것은 분명한 사실입니다."

더 붉은 하늘을 보려면 연무질이 필요하다고, 콜로라도 주 볼더에 있는 NOAA 지구시스템연구소(Earth System Research Laboratory) 화학분과의 라비쉔카라(A. R. Ravishankara) 과장은 설명한다. 연무질은 공중에 떠 있는 고체나 액체 입자로, 자연적 과정과 인간 활동 모두에서 발생된다.

천연 연무질은 특히 산불, 모래 폭풍에 의한 광물성 먼지, 파도의 비말, 화산 분출에서 생긴다. 역사상 가장 장관인 일몰에 기여하는 화산들은 고도 15~55킬로미터의 대기층인 성층권에 황산 방울을 불어넣을 수 있다. 이들 방울은 지구 전역으로 날아가, 그곳을 밝은 진홍색 황혼으로 물들일 수 있다. 1883년 인도네시아의 크라카토아 분출에 이어 전 세계에서 화려한 일몰이 나타났는데, 노르웨이 화가인 에드바르 뭉크는 거기서 영감을 받아 〈절규〉를 그렸다고 한다.

그렇지만 "대도시에서는 천연 연무질 산물을 대부분 무시해도 됩니다." 캘리포니아대학교 어바인캠퍼스에서 화학을 연구하는 세르게이 니즈코로도프(Sergey Nizkorodov)는 말한다. 인간 활동에 의해 발생하는 연무질이 천연 연무질을 한참 넘어서기 때문이다. 그의 설명에 따르면, 인공 연무질은 자동차와 트럭의 내연기관이 방출하는 검댕들이 그렇듯이 대기로 곧장 들어갈 수 있다. 연무질은 가스 상태의 분자가 대기로 들어가서 다른 화학물질과 반응할 때도 만들어진다고, 그는 덧붙인다. 화석연료를 태우면 이산화황 기체가 공중으로 배출되고 황산 연무질로 변하는 것이 대표적 예다.

도시 위를 떠다니는 대다수 입자는 방사선을 산란시키면서 그 스펙트럼의 팔레트에서 더 차가운 색인 보라색과 파란색을 우선적으로 제거하고 붉은색을 증강한다고, 니즈코로도프는 말한다. 이런 의미에서, 이들 입자는 산소와 질소 분자가 하는 것과 매우 비슷한 방식으로 빛을 산란시킨다.

"분자와 소립자는 입자가 충분히 작기만 하면 같은 방식으로 산란됩니다." 보렌은 말한다. 만약 입자가 가시광선의 파장에 비해 작다면, 붉은색처럼 장파장보다는 파란색과 보라색처럼 단파장으로 산란될 것이다. 많은 인공 연무질은 충분히 작으므로, 로스앤젤레스와 전 지구상의 다른 오염된 도시들의 질은 선홍색 일몰에 한몫한다.

그러나 니즈코로도프는 "어느 지점에 이르면, 공기 오염이 너무 심해져서 하늘이 가득 차면 태양도 명확히 안 보이는 지경이 됩니다"라고 말한다. 가령 일몰은 밝아 보이지만 상당량의 큰 입자가 지면에 가까운 대기층인 대류권에 축적되면 흐려진다. 가시광선의 파장과 크기가 비슷하거나 더 큰 연무질은 모든 색을 무차별 산란시키는 경향이 있고, 그럴 경우 하늘의 전반적 밝기가 상승하지만 색 대비는 흐려진다.

"종류를 막론하고 입자들은, 심지어 가시광선의 파장보다 훨씬 작더라도 원칙적으로 하늘을 더 밝게 만들지만 그 대가로 색의 순도를 희생해야 합니다." 보렌은 입자가 큰 연무질의 밀도가 높은 곳에서는 그 효과가 더 두드러진다고 지적한다. 따라서 연무질은 비록 일몰을 붉게 만들지 몰라도, 과도한 오염은 전반적인 일몰 경험을 약화시킬 것이다. 사실 대기의 그 모든 표류물이 없다면 낮에서 밤으로의 이행은 지금보다 훨씬 더 발그레해질지도 모른다. 그리고 더 건강해질 것이다.

3-3 적도 이남에서는 변기 물이 북반구와 반대로 돈다

로빈 보이드

날씨는 항상 예측 가능한 것이 아니다. 그럴 수 있다면 허리케인에 철저히 대비할 수도 있고, 피크닉을 갔다가 느닷없는 여름 소나기를 만나 쫄딱 젖을 일도 없을 것이다. 그러나 기후 시스템은 복잡하고, 회오리바람 역시 예외가 아니다. 그러니까 회오리바람 회전력의 방향을 추측하는 것이 가능하더라도, 일기예보는 대부분의 기상관측과 마찬가지로 대부분의 경우에만 들어맞을 것이다.

회오리바람이 북반구에서는 반시계방향으로 돌고 남반구에서는 시계방향으로 도는 경향이 있는 것은 사실이다. 그러나 콜로라도 주 볼더에 있는 국립대기과학연구소(U.S. National Center for Atmospheric Research)의 연구기상학자 리처드 로투노(Richard Rotunno)에 따르면, 반대로도 일어난다. 심지어 이따금 반시계방향과 시계방향으로 회오리바람이 동시에 일어나기도 한다. 이런 변화들은 회오리바람의 회전 방향이 코리올리의 힘(Coriolis force)에서 나온다는 흔한 오해를 약화시킨다.

코리올리의 힘은 오로지 멕시코 만류, 제트기류, 무역풍과 허리케인처럼 지구에서 가장 큰 대기 및 해양 순환 시스템의 회전 방향에만 유의미한 영향을 미친다고, 로투노는 오해를 바로잡으며 설명한다. 지구의 자전이 이 효과를 야기해 북반구의 바람은 오른쪽으로, 남반구의 바람은 왼쪽으로 방향을 틀게

*앵커리지와 마이애미는 둘 다 북반구에 위치한다. 앵커리지에서 출발한 비행기가 비행하는 동안 목적지인 마이애미는 지구의 반시계방향 자전으로 원래 위치보다 좀 더 오른쪽으로 이동하고, 따라서 비행기가 도착할 때는 그 왼쪽에 있던 멕시코 만이 마이애미 위치에 오게 된다.

만든다. 앵커리지에서 마이애미로 가는 비행기가 멕시코 만으로 다이빙하지 않고 목적지에 도달하려면 지구의 반시계 회전(북극에서 보았을 때)을 감안해야 하는 것도 바로 그 때문이다.*

그러나 코리올리의 힘은 전능하지 않다. 크고 작은 모든 해류를 적도 이북에서는 반시계방향으로, 적도 이남에서는 시계방향으로 돌게 할 만큼 강한 힘이 아니다. 오스트레일리아와 미국에서 화장실 변기 물이 서로 반대 방향으로 도는 동영상의 조회 수가 아무리 높다 해도, 그것은 운과 (아마 놀랍지 않게도) 변기 설계 덕분이었을 것이다. 심지어 머리카락이 특정 방향으로 말리는 것조차 코리올리 효과 때문이라는 우스갯소리도 있다.

잘못된 정보가 아무리 널리 퍼져 있어도, 변기 물(그리고 심지어 회오리바람)은 코리올리의 영향을 받기에는 너무 작다. 그 힘이 직접 영향을 미치려면 폭풍의 회오리치는 덩어리가 적어도 보통 회오리바람을 형성하는 슈퍼셀(supercell)* 폭풍 전선보다 세 배 정도는 커야 한다.

*뇌우의 한 형태로, 회전 상승기류를 동반하는 구름.

"코리올리의 힘은 회오리바람에 단지 간접적으로만 영향을 미칩니다." 오클라호마 주 노먼에 있는 NOAA 국립폭풍우실험실(National Severe Storms Laboratory)의 기상학자 해럴드 브룩스(Harold Brooks)는 말한다. 회오리바람은 대부분 미국 대평원의 '토네이도 통로'에서 일어나지만, 남부 브라질과 북동 아르헨티나와 방글라데시를 비롯한 세계 어느 곳에서나 일어날 수 있다. 이런 거칠게 날뛰는 공기 기둥은 슈퍼셀이라고 불리는 뇌우(parent thunderstorms)에서 태어난다. 미국에서 슈퍼셀은 캐나다에서 온 건조한 한 대기단이 멕시코 만의 습한 열대기단과 만나 따뜻해진 공기가 급속히 상승할 때 형성된다.

뇌우의 솟아오르는 기류는 상승기류라 한다. "수직 윈드시어(wind shear, 높이와 더불어 증가하는 풍속)가 충분히 확보되면 이 상승기류가 회전을 시작합니다." 브룩스는 말한다. "회오리바람은 보통 그것을 낳은 뇌우와 동일한 방향으로 회전합니다." 따라서 만약 적도에서 북쪽으로 불어오는 따뜻한 바람이 서쪽에서 오는 상층 바람과 만나면, 회오리바람은 반시계방향으로 회전할 것이다. 그리고 만약 따뜻한 적도풍이 남쪽으로 불어서 높은 바람(aloft wind)과 만나면 회오리바람은 시계방향으로 회전할 것이다.

이는 남반구와 북반구 모두에서 행성의 회전으로 상층 바람이 서쪽에서 불어오기 때문이다. 이 바람은 회오리바람의 회전력에 미치는 코리올리의 섬세한 영향력이다.

이처럼 회오리바람의 회전 방향에 미치는 코리올리의 미묘한 영향력을 이해하는 것이 가능해 보인다 해도, 회오리바람이 어떻게 기능하는지를 속속들이 이해하는 것은 또 다른 이야기다. 그리고 언제 어디서 회오리바람이 일어나고 어느 방향으로 돌지 예측하는 것은 그보다도 더한층 어려워 보인다. 어쩌면 불확실성이야말로 일기의 유일한 확실성이 아닐까.

3-4 지구는 둥글지 않다

찰스 최

셀 수 없이 많은 우주 사진이 증언하듯, 지구는 둥글다. 우주비행사들의 애정이 담뿍 담긴 말마따나 '푸른 구슬(blue marble)'이다. 그러나 겉모양은 기만적일 수 있다. 지구 행성은 사실 완벽한 구가 아니다.

그렇다고 지구가 평평하다는 말은 아니다. 콜럼버스가 푸른 대양을 항해하기 한참 전에, 아리스토텔레스를 비롯한 고대 그리스 학자들은 지구가 둥글다고 말했다. 숱한 관측이 그 바탕이었는데, 떠나는 배는 멀어질 때 점점 작아져 보이기만 한 것이 아니라 마치 둥근 공 표면을 미끄러지듯 수평선 너머로 가라앉았다. 블랙스버그 버지니아공과대학교의 지리학자 빌 카스텐슨(Bill Carstensen)의 이야기다.

지구가 완벽한 구형이 아니라고 처음 주장한 인물은 아이작 뉴턴이다. 그가 제시한 모양은 편구(偏球)였다. 양극이 찌그러지고 적도 부분이 부푼 구형. 뉴턴이 옳았고, 이 돌출 때문에 지구 중심에서 적도 해수면까지의 거리는 지구 중심에서 양극 해수면까지의 거리보다 약 21킬로미터 더 길다.

지구는 강철로 된 팽이가 아니라 "어느 정도 일그러짐을 가능케 하는 약간의 가소성을" 가졌다고, 투손 애리조나대학교의 지질학자 빅 베이커(Vic Baker)는 설명한다. "실리퍼티(Silly Putty)를* 회전시키는 것과 약간 비슷할 겁니다. 비록 아이들

*주무르는 대로 형체가 변하는 실리콘 장난감.

이 아주 잘 아는 그 실리콘 소성점토의 가소성에 비해 지구의 가소성은 훨씬 떨어지지만요."

그러나 우리 지구는 완벽한 편구도 아니다. 땅덩어리들이 불균일하게 흩어져 있기 때문이다. 밀도가 높은 땅덩어리일수록 더 강한 중력이 작용해 "지구 곳곳에 혹들을 만듭니다." 게인즈빌 플로리다대학교의 지질학자 조 미어트(Joe Meert)는 말한다.

지구의 모양은 또한 이런저런 다른 역학적 요인 때문에 시간이 지나면서 변한다. 땅덩어리는 행성 내부를 움직여 다니면서 그 중력이상(gravitational anomaly)들을* 바꾸어 놓는다. 판구조 운동 때문에 산과 계곡이 나타나고 사라진다. 더러 유성이 지표면에 분화구를 남기기도 한다. 그리고 달과 태양의 인력은 대양 및 대기의 조석(潮汐)뿐 아니라 지각 조석도 일으킨다.

* 행성의 구조로 예측한 중력과 실제 중력이 다르게 나타나는 것.

게다가 대양과 대기의 무게 변화가 "대략 1센티미터쯤" 지각 변형을 야기할 수 있다고, 캘리포니아 주 패서디나의 제트추진연구실 지구물리학자인 리처드 그로스(Richard Gross)는 말한다. "또한 빙하기 후의 반등(rebound)도 있습니다. 마지막 빙하기에 지표면을 뒤덮은 거대한 얼음에 억눌려 있던 지각과 맨틀이 이제 1년에 약 1센티미터씩 솟아오르는 거죠."

게다가 지구 땅덩어리의 불균형한 분포를 균일화하고 그 회전을 안정화하기 위해, "전체 지구 표면은 회전할 거고, 적도를 따라 땅덩어리를 재배치하려고 할 겁니다. 완전한 지축 이동(true polar wander)이라고 하는 과정이죠." 미어트는 말한다.

이제 과학자들은 지구 모양의 변화를 추적하기 위해 지표면에 GPS 수신기 수천 대를 설치한다. 그로스의 말에 따르면, 그 수신기는 몇 밀리미터 상승 수준의 변화도 탐지할 수 있다. 인공위성 레이저 추적이라는 또 다른 방법은, 몇십 곳의 지면 기지국에서 위성으로 가시 파장 레이저를 쏜다. 그들의 궤도상에서 탐지되는 변화는 중력이상과, 따라서 행성 내 땅덩어리 분포의 변화를 나타낸다. 또 다른 한 가지 기술은 초장기선 간섭 관측법이라고 하는데, 은하계 밖 전파에 귀 기울이는 전파망원경을 이용해 지면 기지국들의 위치에서 일어나는 변화를 탐지한다. 지구가 완벽히 둥글지 않다는 사실을 이해하는 데는 많은 기술이 필요 없을지도 모르지만, 그 정확한 형태를 알아내려면 적지 않은 노력과 장비가 요구된다.

3-5 블랙홀은 노래한다

존 맷슨

지구에서 3억 광년 떨어진 페르세우스 은하단의 어두운 심장부에서, 한 초질량 블랙홀(supermassive black hole)이* 25억 년 동안 같은 음으로 노래해왔다. 그 톤은 '가온 다'보다 57옥타브 낮은 음파들을 쏟아낸다. NASA 찬드라엑스레이천문대의 천문학자들은 그것이 웅장한 '내림 나'라고 말한다. 그렇지만 진공의 우주에서 어떻게 그것이 가능할까?

*은하 중심부에 있는 거대 블랙홀.

소리가 전파되려면 물이나 공기 같은 매질이 필요하다. 이 지구에서 음파는 그 진원지로부터 주위를 둘러싼 공기 분자의 진동을 타고 움직인다. 진동은 한 분자에서 다른 분자로 전달되고, 그 진동이 우리 귀에 닿으면 소리로 인식된다. 그렇지만 넓은 우주의 대부분 공간에는 공기도 물도, 그다지 무엇도 존재하지 않으므로 소리가 이동하기 어렵다.

우주에서 울려 퍼지는 음조를 노래하려면 (풍만한 프리마돈나 같은) 초질량 블랙홀이 필요하다. 이들 거대한 천체는 질량이 우리 태양의 수십만 배에서 수백억 배에 이르기까지 다양하고, 흔히 활동은하* 중심부에서 볼 수 있다. 예를 들어 궁수자리 A별(초질량 블랙홀)은 우리 은하인 밀키웨이의 중심부에 있다.

*보통 은하에 비해 단기간에 많은 에너지를 폭발적으로 방출하는 은하.

일반적으로 블랙홀은 무엇도 빠져나갈 수 없다는 엄청난 중력으로 유명하다. 그렇지만 그것은 그다지 옳은 말이라고 할 수 없다. 어떤 물질은 빠져나갈 수 있기 때문이다. 블랙홀의 중력은 물질과 에너지의 곤죽을 그 둘러싼 응축원반(기체와 먼지로 이루어진 반지 모양 구조)으로 끌어당긴다. 그렇지만 이 물질의 일부는 '상대론적 제트(relativistic jet)'로* 블랙홀의 양극에서 난폭하게 내쳐진다. 이들 제트는 블랙홀 주변의 들끓는 기체로 밀려들고, 원래는 고르게 분포하는 구름에 구멍을 낸다.

*밀집된 천체의 회전축을 따라 방출되는 물질의 흐름.

"음파는 압력파입니다. 블랙홀이나, 적어도 그들의 상대론적 제트는 막대한 음파를 생성할 수 있습니다. 그러면 주위를 둘러싼 은하 가스를 뚫고 전파할 수 있지요." 스탠퍼드대학교 물리학과 교수로 페르세우스 은하단을 연구하는 천문학자 스티븐 앨런(Steven Allen)은 말한다. "광속에 가깝게 움직이는 물질이 포함된 상대론적 제트는 거대한 타원은하와 은하단에 퍼진 뜨거운 기체를 들이받아 '은하 드럼'을 칩니다." 제트는 '스틱'이고, 가스 표면은 '드럼'이다.

비록 인간의 귀로는 이런 파들을 들을 수 없지만(소리는 이 '드럼'과 우리 사이에 놓인 광막한 진공을 여행할 수 없으므로), 우리는 엑스레이 관측을 이용하여 그들을 '볼' 수 있다. 음파가 은하와 은하단의 끓는 기체를 통해 퍼지기 때문에 압력이 더 센 지역(음파 봉우리)은 엑스레이에서 더 밝게 나타나고, 더 약한 지역(골)은 더 흐릿하게 나타나는 경향이 있다.

찬드라엑스레이망원경으로 페르세우스 은하단을 관측하면 대략 동심원을 이루는, 더 밝거나 더 흐린 기체의 물결들이 보인다. 그것이 바로 음파를 나타낸다. "우리는 그 파들이 움직이는 것을 볼 수 없습니다." 앨런은 말한다. "거기에 드는 시간이 너무 길거든요. 파들의 전파 기간은 약 1,000만 년입니다. 그렇지만 우리에게는 확실한 '스냅사진'이 있지요."

페르세우스의 블랙홀이 우주의 유일한 은하 가수는 아니다. 우주에서 가장 질량이 큰 축에 속하는 블랙홀을 가진 M87 은하 역시 노래를 부른다고 알려져 있다. 비록 그 노래는 페르세우스처럼 꾸준하지 않지만, '가온 다' 음의 59 옥타브 아래 음조처럼 깊은 음조로 좀 더 노래답다.

"블랙홀들이 같은 음조로 노래할 이유는 없습니다." 찬드라엑스레이천문대의 천체물리학자인 피터 에드먼즈(Peter Edmonds)는 말한다. 더 많은 물질을 가진 은하는 더 깊은 소리를 낼 수도 있다. 이 물질은 블랙홀에서 더 크지만 더 드문 폭발을 야기하기 때문이다. 블랙홀의 특정한 소리에 기여하는, 예를 들어 가스의 온도와 위치 같은 다른 중요한 요인이 분명히 있을 텐데, 상세한 부분에 대한 이해는 아직 부족하다고, 에드먼즈는 말한다.

그는 다른 성간 물체와 사건도 음파를 생성한다고 덧붙인다. 사실 빅뱅의 메아리는 우주가 탄생한 직후부터 홍얼거리거나 식식거려왔다.

버지니아대학교의 천문학자 마크 휘틀(Mark Whittle)에 따르면, 빅뱅의 음파는 우주의 첫 38만 년 동안, 우주가 여전히 자유로운 전자를 머금은 기체로 자욱할 때 생성되었다. 그러나 안개가 걷히자 우주는 조용해졌다.

그러나 빅뱅의 발라드는 여전히 탐지되고, 휘틀의 묘사에 따르면 "날카로운 소리는 낮아지다가 깊은 울림으로 바뀌고, 그 뒤로 식식거림으로 커집니다." 그는 이렇게 덧붙인다. "아마도 가장 놀라운 점은, 빅뱅의 소리에 근본적으로 톤과 일련의 화음이 있다는 겁니다."

물론 빅뱅 그 자체는 소리가 없었다. 압력이 먼 거리에 작용해 음파를 생성하는 데는 시간이 걸리기 때문이다. 나중에서야, 압력파가 외부 우주의 영역을 건너가 음파를 일으키고 나서야 소리가 존재하게 되었다.

좀 더 가까이에서는 태양이 수십억 년 전부터 노래를 불러왔다. 태양계의 대류는 내부 코로나(corona)로* 갔다가 표면으로 돌아오는 압력파를 생성하여, 표면이 끓어오르고 진동하게 만든다. 깊고 3차원적인 이 음파 덕분에 과학자들은 태양의 내부 구조를 더 잘 이해할 수 있다.

*태양 대기의 가장 바깥층에 있는 가스 층.

사실 천체의 음악, 심지어 초질량 블랙홀의 음악은 우리 우주의 근본 성질에 관한 깨달음을 던져준다. 비록 지구상의 그 어떤 생물도 외부 우주의 음악을 들을 수 없지만, 우주는 그 관현악 연주를 계속한다. 과학자들은 그것을 이해하기 위해 눈길을 돌리지 않는다(그리고 귀를 기울인다). 천문학자들은 지구상에서 가장 주의력이 뛰어난 관객이다.

3-6 보드카와 시트러스 탄산수로 꽃에 생기를 줄 수 있다

시애라 커틴

밸런타인데이 다음 날, 전 세계의 연인들이 주고받은 꽃다발은 시들기 시작한다. 장미의 생생한 붉은색은 메마른 갈색으로 흐려지고, 꽃은 고개를 숙이기 시작한다. 일각에서는 세븐업이나 스프라이트 같은 시트러스향 탄산수나 보드카 같은 알코올을 꽃병 물에 타면 꽃의 아름다움을 유지하는 데 도움이 된다고 말한다.

원예가들에 따르면, 맞는 말이다. 탄산수와 물이 적절한 비율로 혼합되면, 꽃다발은 생생함을 유지할 것이다. 그 조합으로 꽃이 필요로 하는 물과 양분을 제공할 수 있기 때문이다. "세븐업 화학식은 정말 효과가 좋습니다." 매사추세츠대학교 애머스트캠퍼스의 식물, 토양 및 곤충 과학학부 교수인 수전 한(Susan Han)은 말한다. 보드카 역시 식물의 성숙 과정에 개입하여 꽃 보존제 역할을 할 수 있지만, 실용성은 좀 떨어진다.

꽃다발의 꽃은 뿌리에서 분리되었으므로 더는 스스로 양분을 만들지 못한다. 그들을 신선하게 유지하는 데 필요한 모든 것은 환경에서 얻어야 한다. 약간의 산성을 띤 물은 중성이나 염기성 물에 비해 줄기에서 꽃으로 더 빨리 올라가, 꽃이 물기와 신선함을 유지하게 한다. 그러나 식물은 물 말고도 양분으로 당분을 필요로 한다.

산성 물과 당분의 필수적 조합에 딱 들어맞는 것이 세븐업이나 스프라이트라고, 코넬대학교 원예학과의 윌리엄 밀러(William Miller) 교수는 말한다. 둘 다 탄산수의 pH를 낮춰주는(산도를 높이는) 시트르산과, 약 38그램의 당분을 함유한다. 그렇지만 이 혼합물은 물과 당분으로 꽃을 신선하게 유지해주는 대신, 꽃에 해를 미치는 세균의 성장을 촉진하기도 한다. "그래서 표백제를 타야 합니다." 한은 말한다. 약간의 표백제는 꽃에 해가 되지 않으면서 세균을 죽일 수 있다.

시판 생화 영양제에 들어 있는 이 혼합물을 만드는 요령으로, 밀러와 노스캐롤라이나주립대학교 원예학과의 존 돌(John Dole) 교수는 탄산수와 물을 1대1로 섞을 것을 권한다. 그러나 한은 물과 탄산수의 비율을 3대1로 하고 살균을 위해 표백제 몇 방울을 추가하라고 한다.

보드카가 꽃다발에 미치는 다른 효과도 있다. 돌에 따르면, 보드카를 꽃병 물에 섞으면 아마도 에틸렌 생성을 억제하여 꽃을 보존해준다고 한다. 에틸렌은 식물이 배출하는, 식물의 성숙을 돕는 기체다. 이 기체를 억제하면 꽃이 시드는 시기를 늦출 수 있다. 그러나 보드카는 매우 강력한 보존제다. 많은 인간들과 마찬가지로 식물은 낮은 도수, 최고 8퍼센트의 알코올만을 견딜 수 있다. 그리고 주류 전문점에서 판매하는 프루프* 80의 보드카는 알코올 도수가 40도다. 해로움이 아니라 이로움을 주려면 희석이 필요하다. 그 대신 재배 농가에서는 좀 더 효과적인 보존제인 티오황산은(silver thiosulfate)을 이용하는데, 그것 역시 에틸렌을 억제하는 효과를 발휘한다고, 돌은 말한다.

*미국의 알코올 함량 표시 단위.

3-6

꽃다발의 아름다움을 유지하는 데 도움이 되는 다른 전략도 있다. 꽃이 집에 오자마자 줄기 끝을 1~2센티미터쯤 잘라낸다. 그렇게 하면 줄기가 공기를 빨아들여 흡수 시스템이 막히는 것을 방지할 수 있다고, 밀러는 설명한다. 또한 끝부분을 물리적으로 제거하면 거기서 자라고 있을지 모를 세균을 제거할 수 있다고 덧붙인다. 대략 사흘에 한 번씩 줄기 밑동을 2센티미터쯤 잘라내고, 깨끗한 화병에 꽂아야 한다. "꽃병의 물이 마셔도 될 정도가 아니면 꽃을 그 병에 꽂지 마세요." 돌이 충고한다. 깨끗한 꽃병에 신선한 양분과 물을 더한 후, 밝고 시원한 장소에 놓아두자.

물론 아무리 애써도 시간이 지나면 꽃은 서서히 시들 것이다. "죽은 꽃을 훑어서 뽑아내는 것은 아무 문제 없습니다." 밀러는 말한다. 그렇게 하면 남은 다발이 더 밝고 예뻐 보인다.

이처럼 연인이 보내준 꽃은 세븐업과 스프라이트로 생생히 유지할 수 있다는데, 연인을 생생하게 만드는 방법은 아직 과학이 알아내지 못했다. 어쩌면 연인 사이에서도 보드카와 탄산수가 한몫할지 모르겠지만.

3-7 산 사람이 이제껏 죽은 사람의 수보다 많다

시애라 커틴

인구가 너무 엄청나게 팽창해 오늘날 살아 있는 사람의 수가 태초부터의 인구수를 전부 합친 것보다 더 많다는 이야기가 있다. 이 흥미성 정보의 기원은 1970년대로 거슬러 올라간다. 이러한 낭설의 또 다른 형태로, 현존 인구가 태초부터의 지구상 모든 인구수의 75퍼센트를 차지한다는 주장도 있다. 그렇지만 지난 한 세기 동안 인구가 아무리 기존의 4배수로 뛰었어도, 오늘날 살아 있는 사람들의 수는 이제껏 죽은 사람들의 수에 비하면 왜소해진다.

2002년 워싱턴 D.C.의 비정부기구인 인구통계국(Population Reference Bureau)의 인구통계학자 칼 하웁(Carl Haub)은, 그때까지 지구상에 태어난 사람들의 수에 대한 자신의 추정치를 갱신했다. 그는 손에 넣을 수 있는 인구 데이터를 바탕으로 각 역사적 시기의 인구 성장률을 계산했고, 그것을 가지고 그때까지 태어난 사람들의 수를 결정했다.

대부분 역사에서 인구는 서서히 성장하거나 아예 성장하지 않았다. UN의 《인구 동향의 결정요인과 결과(Determinants and Consequences of Population Trends)》에 따르면, 최초의 호모사피엔스는 (비록 연도에 대한 논쟁이 좀 있긴 하지만) 대략 5만 년 전에 나타났다. 이 먼 과거에 관해, 그때 얼마나 많은 인류가 살았는지에 관해서는 거의 알려진 바 없지만, 기원전 9000년경 중동의 농업 혁명 시기 지구에는 약 500만 명의 인구가 있었다.

3-7

농경 발흥기에서 로마제국의 전성기까지, 인구는 더디게 성장했다. 연간 0.1퍼센트에 못 미치는 성장 속도로, 서기 1년에 약 3억 명으로 증가했다. 그 후 역병이 막대한 인구를 덮치면서 성장률은 대대적으로 급락했다. (14세기의 '흑사병'은 적어도 7,500만 명을 쓸어 갔다.) 그 결과로 1650년 무렵 세계 인구는 겨우 5억 명으로 증가하는 데 그쳤다. 그렇지만 1800년에는 농경이 발전하고 위생이 개선되면서 인구가 두 배로 뛰어 10억 명 이상을 기록했다. 그리고 2002년에 하웁이 마지막으로 그 계산을 했을 때, 지구 인구는 62억 명으로 폭발했다.

하웁은 지금껏 얼마나 많은 사람이 지구에 살았는지 계산하기 위해 최소주의적 접근법을 채택해, 기원전 5만 년의 두 사람(그의 아담과 이브)으로부터 시작했다. 그리고 역사적 성장률과 인구지표들을 바탕으로 1,060억여 명이 태어났다고 추산했다. 그중 오늘날 살아 있는 사람이 차지하는 비중은 고작 6퍼센트다. 75퍼센트는 어림없는 수치다. "오늘 살아 있는 사람들이 [총] 인구에서 적은 부분을 차지한다는 것은 거의 확실한 사실입니다." 뉴욕 시 록펠러대학교와 컬럼비아대학교의 인구학과 교수인 조엘 코언(Joel Cohen)은 말한다.

그 신화가 말이 되려면 현재 지구상에 1,000억 명 이상이 살고 있어야 한다. "참 다행이죠." 코언은 이렇게 덧붙인다. "그런 일은 절대 불가능하니까요."

UN의 추산에 따르면, 현재 약 70억 명의 인구가 지구를 거닐고 있다. 근래 연간 인구 성장률은 약 1.2퍼센트로, 1960년대의 최고 연간 성장률 2.1퍼센트에 비하면 낮은 수준이다. 일부 선진국, 특히 프랑스와 일본은 출산율이 매우 낮고 실제로 인구가 감소하고 있다고, 하웁은 지적한다. 개발도상국에서는 인구가 계속 증가 추세지만 인도 같은 몇몇 국가는 성장률 둔화를 겪고 있다.

코언은 인구가 1,000억 가까이 가는 것은 고사하고, 현재의 두 배인 130억에 도달할지조차 의심하고 있다. 심지어 UN이 추산하는 최고치도 그 정도의 성장은 내다보지 않는다고, 그는 말한다. 2050년도 세계 인구는 73억~107억 명 정도로 추정된다. 성장률의 점차적인 둔화를 감안할 때, 그 중간 값인 89억이 타당한 추산으로 여겨진다. 그리고 UN은 2200년 이후 일정 시점에 이르면 세계 인구가 100억에서 안정세에 접어들 것으로 예측한다. 이런 성장 속도라면, 살아 있는 사람들은 결코 죽은 사람들의 수를 추월하지 못할 것이다.

4

기술

4-1 NASA에서 100만 달러를 들여 우주용 펜을 만들었다

시애라 커틴

소문에 따르면, 우주 경쟁이 정점에 이른 1960년대에 NASA 과학자들은 펜이 우주에서 기능할 수 없음을 깨달았다. 그들은 우주비행사가 글을 쓸 수 있는 다른 방법을 찾아야 했다. 그리하여 그들은 몇 년에 걸쳐 세금 수백만 달러를 들여 무중력 상태에서도 종이에 잉크를 새길 수 있는 펜을 개발했다. 그런데 그 이야기에 따르면, 더 유능한 경쟁자인 소련은 자기네 우주비행사에게 그냥 간단히 연필을 제공했다.

이 이야기는 관료제의 상식 부재는 말할 것도 없고 단순성과 절약의 메시지와 함께 인터넷을 떠다녔고, 심지어 2002년에는 〈웨스트윙(West Wing)〉의* 에피소드로 등장하기까지 했다. 그렇지만 안타깝게도 그 이야기는 그저 낭설일 뿐이다.

*미국의 텔레비전 드라마.

NASA 역사가에 따르면, NASA 우주비행사는 원래 소련과 마찬가지로 연필을 사용했다. 사실 NASA는 1965년에 휴스턴의 타이캠엔지니어링 사에 34자루의 샤프펜슬을 발주했다. 그들은 4,382.5달러, 즉 자루당 128.89달러를 지불했다. 이 가격이 공개되자 아우성이 터져 나왔고, NASA는 우주비행사가 쓸 수 있는 더 값싼 것을 찾아야 했다.

어차피 연필은 최고의 선택이 아니었을 것이다. 연필 끝이 갈라지고 부러져 극미 중력에서 떠다니다 우주비행사나 장비에 해를 끼칠 수도 있다. 그리고 연필은 가연성이다. 아폴로 1호의 화재 이후 NASA는 우주선에 되도록 가연성 재료로 된 물건을 피하려 했다.

전하는 바에 따르면, 폴 피셔(Paul C. Fisher)와 그의 피셔펜(Fisher Pen) 사는 현재 흔히 우주펜(space pen)이라고 불리는 제품을 만드는 데 100만 달러를 투자했다. 이 투자금 중 NASA의 재원에서 나온 돈은 한 푼도 없다. NASA가 개입한 것은 펜이 다 만들어진 후였다. 1965년에 피셔는 (화씨로 최저 영하 50도에서 최고 400도까지의) 꽁꽁 얼거나 푹푹 찌는 온도에서, 그리고 물이나 다른 액체 속에서 뒤집어서도 쓸 수 있는 펜의 특허를 냈다. 그렇지만 너무 더울 경우 잉크는 원래 색인 파란색에서 녹색으로 변했다.

같은 해에 피셔는 AG-7 '반중력' 우주펜을 NASA에 제공했다. 샤프펜슬로 낭패를 본 기억 때문에 NASA는 망설였다. 하지만 철저한 시험을 거치고 나서 1967년부터 우주비행에서 그것을 사용하기로 결정했다.

피셔의 펜은 대다수 볼펜과 달리 중력에 의존해 잉크를 흘려보내지 않는다. 카트리지는 1제곱인치당 35파운드(약 16킬로그램)의 질소로 가압된다. 이 압력이 잉크를 펜 끝의 텅스텐 카바이드 볼로 밀어낸다.

잉크 또한 다른 펜의 잉크와 다르다. 피셔의 잉크는 젤 같은 고체 상태로 있다가 볼 끝의 움직임에 반응해 액체로 바뀐다. 가압된 질소는 공기와 잉크가 섞이는 것을 막아 증발이나 산화를 방지한다.

1968년 2월 AP에 따르면, NASA는 아폴로 계획을 위해 피셔의 반중력 볼펜 400자루를 주문했다. 그리고 1년 후 소련은 소유즈 우주 미션에 사용하기 위해 펜 100자루와 잉크 카트리지 1,000개를 주문했다고, UPI가 보도했다. 이후 AP는 NASA와 소련 우주국 모두 대량 구매에 대해 똑같이 40퍼센트 할인을 받았다고 전했다. 양쪽 다 펜 값으로 3.98달러 대신 2.39달러를 지불했다.

아폴로 계획에 대한 우주펜의 기여는 극미 중력 상태에서 글쓰기를 가능케 하는 데 그치지 않았다. 피셔스페이스펜 사에 따르면, 아폴로 11호의 우주비행사들은 지구로 돌아오는 데 필요한 무장 스위치(arming switch)를* 수리하는 데도 그 펜을 이용했다.

*항공기 외부에서 모터를 끌 수 있는 장비.

1960년대 후반 이후 미국과 러시아의 우주비행사들은 피셔의 펜을 줄곧 이용해왔다. 사실 피셔는 우주펜의 전체 라인을 만들었다. 새로 나온 셔틀펜은 NASA의 우주왕복선과 러시아의 우주정거장 미르에서 이용되었다. 물론 여러분은 우주펜을 써보겠다고 우주로 갈 필요는 없다. 지구를 떠나지 못하는 사람들은 한 자루에 50달러라는 저렴하기 그지없는 가격에 우주펜을 구할 수 있다.

4-2 흰 컴퓨터 화면은 검은 화면보다 더 많은 전력을 소모한다

래리 그리너마이어

녹색 컴퓨팅 운동은* 모든 컴퓨터 이용자에게 그간의 에너지 낭비적 관행을 버리라고 요구한다. 그래서 여러분은 잘 때 컴퓨터 전원을 끄고, 거금을 들여 에너지 스타 인증을** 받은 노트북을 사고, 흰 화면 대신 좀 더 에너지 효율적일 것 같은 검은 배경화면을 이용하는 웹페이지만 방문하기로 마음먹는다.

*컴퓨터 자체의 구동뿐만 아니라 컴퓨터의 냉각과 주변 기기의 운용에 소요되는 전력 절감을 포함한, 에너지 효율적인 컴퓨팅 환경을 추구하는 모든 개발과 운용을 일컫는 말.

**에너지 절약 제품에 미국 정부에서 부여하는 인증.

하지만 그런저런 일들을 하기 전에, 검은색이 새로운 녹색이라는 표어가 반드시 사실이 아님을 알 필요가 있다. 컴퓨터 모니터는 다양한 형태와 크기로 출시되고, 모든 모니터가 흑과 백을 같은 방식으로 만들지 않는다. 때문에 전체적으로 검은 이미지를 더 많이 사용하는 것이 흰 이미지를 계속 사용하는 것보다 에너지를 절감해준다는 근거는 없다. 사실 새로운 액정화면(liquid-crystal display, LCD)의 경우에는 흰 화면이 검은 화면보다 오히려 에너지 효율이 조금 더 높다.

검은 화면이 전력을 덜 소모한다는 생각은 브라운관(cathode-ray tube, CRT)의 경우 분명히 말이 된다. CRT는 화면 뒤쪽에서 전자빔을 앞뒤로 움직이는 기술을 이용한다. "전면 스크린은 붉은색과 파란색과 녹색 형광물질로 덮여 있습니다." PPDLA(Panasonic Plasma Display Laboratory of America)의 전자공학 부소장인 빌 신들러(Bill Schindler)는 말한다. 흰색을 내려면 전자빔을 형광물질에 쏘아야 한다. 그러나 "검은 화면을 나타낼 때는 빔을 쏠 필요가 없습니다."

몇 년 전까지 컴퓨터 사용자들이 주로 사용하던 CRT 모니터는 컴퓨터 화면이 흰색일 때 더 많은 전력을 소비한다. 신들러는 이를 확인하려고 18인치 CRT 모니터의 전력 출력을 측정하여, 흰 화면에서는 102와트가 소모되고 검은 화면에서는 겨우 79와트가 소모됨을 밝혀냈다.

그러나 LCD 모니터의 경우에는 그렇지 않다. 노트북을 비롯해 선진국에서 새로 구매되는 모니터 가운데 가장 큰 비중을 차지하는 LCD는 형광물질이 없다. 그 대신 지속적인 광원을 제공하는, 얇은 관형의 형광전구들로 흰 화면을 만든다. 그리고 빛을 차단하는 산광기로 검은 화면을 만든다. 따라서 LCD는 검은 화면을 표시하기 위해 CRT보다 더 많은 에너지를 사용한다. 신들러는 17인치 LCD 모니터를 측정한 결과, 흰 화면에 22.6와트가 소모되는 반면 검은 화면에는 약간 더 높은 23.2와트가 소모된다는 사실을 밝혔다. 20인치 LCD의 경우에는 검은 화면이 흰 화면에 비해 6퍼센트의 에너지를 더 소모했다.

검은 화면이 에너지를 덜 잡아먹는다는 믿음을 가장 눈에 띄게 보여주는 예는, 웹사이트가 거의 완전히 검은색으로 이루어진 온라인 검색엔진 블래클(www.blackle.com)이다. 힙미디어(Heap Media)에서 만든 블래클은 "사람들에게 사소한 에너지 절약을 매일같이 실천할 필요가 있음을 일깨워주기 위해" 존재한다고, 그 사이트를 출범시킨 블래클의 창립자 토비 힙(Toby Heap)은 말한다. "저는 블래클의 에너지 절감이 그 자체로 세계를 바꾸리라고는 기대하지 않아요. 블래클의 핵심은 모든 작은 노력이 중요하다는 겁니다."

검은 화면을 선호하는 주장 가운데 강력한 것은 로렌스버클리국립연구소가 2002년 발표한 '신형 모니터와 개인 컴퓨터의 에너지 사용 및 전력 수준'이라는 제목의 연구다. 그 보고서에 따르면 "한 특정한 모니터는 검은(또는 어두운) 화면보다 흰(또는 밝은) 화면을 표시하는 데 더 많은 전력이 필요하다." 실제로 그 연구는 CRT 모니터든 LCD 모니터든 상관없이 검은 화면이 일관되게 흰 화면보다 적은 에너지를 필요로 한다고 보고한다.

"중요한 것은 LCD가 휴식 상태일 때, 에너지가 빛을 차단하는 데 쓰이느냐 빛을 투과하는 데 쓰이느냐입니다." 힙은 설명한다. "그 때문에 화면 테스트들의 결과가 일부는 CCFL(냉음극 형광등) LCD 화면이 에너지를 절약하고 일부는 약간 더 사용한다고 나옵니다. 우리가 접한 모든 과학 실험 자료는 검은 LCD 화면이 에너지가 약간 덜 든다는 것을 보여주는데, 그것은 많은 LCD 화면이 휴식 상태에서 빛의 투과를 허용하지 않는다는 뜻입니다." 힙은 또한 다수의 블래클 사용자가 인도와 남아메리카 사람들임을 지적하는데, 두 곳 모두 여전히 CRT가 상용되고 있다.

블래클이 구글의 검색엔진을 이용한다는 사실을 제외하면 두 회사가 무관하지만, 구글의 녹색에너지 총괄자인 빌 웨일(Bill Weihl)은 검은색이 새로운 녹색이라는 개념을 부정하는 블로그 글을 올렸다. "그 생각에 담긴 정신에는 갈채를 보내지만, 당사의 연구를 비롯한 연구들의 분석에 따르면 구글 홈페이지를 검은색으로 만드는 것은 에너지 소모를 줄이지 않습니다. 반면 (이미 시장의 75퍼센트를 차지한다고 추정되는) 평면 모니터에서 검은 화면을 표시하는 것은 실제로 에너지 소모를 늘릴 수 있습니다."

그러나 장차 LCD 기술의 새로운 진보가 검은색이 더 낫다는 믿음을 옳은 것으로 만들 가능성이 있다. 신형 LCD는 화면에 보이는 이미지에 맞추어 배면광의 밝기를 변화시키는 역동적 밝기조절 기능을 가지고 있다. 또한 발광다이오드(light-emitting diode, LED)가 배경조명을 제공하는 LCD와, 플라즈마 화면과 오가닉 LED 화면 같은 여러 가지 새로운 모니터 기술은 배면광을 지속적으로 비추지 않으므로 "이런 새 모니터가 CCFL LCD를 대체하면서 블래클은 더 많은 에너지를 절약하게 될 것입니다"라고 힙은 말한다.

그러는 동안 CRT와 LCD 모니터는 세계 시장을 공평하게 나누어 가졌다. 아이서플라이(iSupply)* 데이터에 따르면, 2007년 CRT와 LCD 모니터 각각의 총 판매 대수는 약 4억 500만 대와 4억 100만 대였다. 그러니 여전히 책상의 4분의 3을 차지하는 거대한 CRT 모니터 앞에서 일하고 있는 여러분은 검은 화면으로 약간의 에너지 절감 효과를 누릴 수 있을 것이다. 한편 더 얇은 LCD 모니터로 건너온 경우, 검은 화면은 실제로 흰 화면보다 더 많은 에너지를 잡아먹는다.

*시장조사 전문 업체.

4-3 형광등은 계속 켜놓아야 전기가 절약된다

존 맷슨

그래서 여러분은 친환경이 되기 위해 작은 형광전구를 샀다. 그런 전구는 종래의 백열전구보다 에너지 효율이 엄청나게 높고 표준 소켓에 돌려 끼울 수 있다. 그러고 나서 그 전구를 그들의 늙은 친척처럼 취급해야 할까?

어쨌든 공공기관 같은 곳에 흔히 쓰이는 1.2미터 또는 2.4미터 길이의 관형 전구는 켜질 때 느리게 켜지고 깜빡거리기 때문에 계속 켜놓을 때가 많다. 그런 전구에 시동을 걸려면 급작스러운 에너지 증가가 필요하므로 돌아왔을 때 다시 켜는 스트레스를 받을 필요 없이 그냥 계속 켜놓는 것이 최선이라는 생각이다.

그러나 알고 보면 그 순간적인 전력 증가는 매우 짧아서 에너지를 거의 소모하지 않는다. 미국 에너지국의 추정에 따르면, 정상적인 작동 시간 몇 초에 불과하다. 다시 말해 에너지 보존적 견지에서 엄밀히 따지면 방을 나설 때 형광등을 끄는 것이 거의 늘 이롭다. 꺼놓는 시간이 아무리 짧더라도, 그동안 절약된 에너지로 다시 켜는 데 드는 에너지를 상쇄할 수 있다.

그렇지만 전구 자체의 소모는 어떨까? 스위치를 너무 자주 건드리면 전구의 작동 수명이 줄어든다. 더 신형인 형광등이 구식 백열전구보다 아직 몇 배 더 비싸다는 점을 감안하면, 소모를 늦추는 것이 합리적이다. 또한 전구의 생산과 폐기에 관련된 진정한 환경적 문제를 염두에 두어야 한다.

4-3

그 두 가지 우려 사이에서 균형을 잡는 한 가지 단순한 법칙이라면 5분 이상 방을 비울 경우 형광등을 끄는 것이라고, 로렌스버클리국립연구소 환경에너지기술과 건축기술부에 몸담고 있는 과학자 프랜시스 루빈스타인(Francis Rubinstein)은 말한다. 클리블랜드에 있는 GE조명사(GE Lighting & Electrical Institute)의 경영진인 메리 베스 고티(Mary Beth Gotti)도 동의한다. 그 어떤 실용적인 목적으로도 "등을 끄는 것이 거의 늘 합리적입니다"라고 고티는 말한다. "환경적 관점에서 에너지를 절약하는 가장 좋은 방법은 사용하지 않는 모든 것을 끄는 것입니다."

심지어 형광등의 경우에도, 한 전구를 다 쓰는 데 드는 전기요금은 전구 자체의 값을 훨씬 넘어선다고 루빈스타인은 지적한다. "아무리 형광등을 자주 켜고 꺼도, 전등 수명의 미미한 단축은 시민 의식을 발휘함으로써 얻을 수 있는 전력 절감 효과에 비하면 대단찮은 수준입니다." 고티는 자주 켜고 끄는 데 따른 수명 감소는 전구를 더 적은 시간 동안 사용하는 데서 나오는 '달력 수명'(전구를 교체하기까지의 실제 시간)의 연장으로 흔히 상쇄될 수 있다고 덧붙인다.

소형 형광전구가 더 값싸지고 더 쾌적한 조명을 제공하며, 더욱 중요하게는 전력을 마구 잡아먹는 경쟁자들을 상점 선반에서 밀어낼수록 이런 계산은 어쩌면 더 자주 하게 될지도 모른다. 오스트레일리아 정부는 2010년부터 단계적으로 기존 백열전구의 국내 판매를 중단할 예정이고, 미국 의회는 2012년부터 국내에서 동일한 조치가 발효되도록 했다. 그러나 신형 형광등이 여러분 가정의 전기요금을 내려주리라는 것은 분명하지만, 진짜 에너지를 절감할 수 있는 것은 전등 스위치를 누르는 여러분의 손이다.

4-4 자전거 헬멧이 자동차 사고를 부른다

니킬 스와미나탄

뉴욕 시에 봄이 완연한 이때, 지하철 이용객은 다른 지역의 주민들과 마찬가지로 자전거를 창고에서 끌어내어 튜브와 타이어를 갈고 있다. 자전거 타는 법은 한 번 배우면 결코 잊지 않는다고들 하지만, 안장에 올라탈 때 헬멧 쓰기를 잊어야 할지 말아야 할지를 놓고는 격렬한 논쟁이 진행 중이다.

2006년 9월, 잉글랜드 배스대학교의 한 용감한 과학자가 연구자와 실험 대상이라는 두 역할을 모두 수행한 후 그 결과를 발표했다. 열혈 자전거족이기도 한 이언 워커(Ian Walker)는 동료들에게서 헬멧을 쓰면 운신의 폭이 좁아지는 것 같다는, 그래서 실제로 위험의 확률이 높아진다는 불평을 여러 차례 들었다. 그리하여 워커는 초음파 감지기를 부착한 자전거를 타고 배스 곳곳을 돌아다니면서, 헬멧을 쓰거나 쓰지 않은 채로 2,300대의 차량과 나란히 주행했다. 그 과정에서 그는 헬멧을 썼을 때 실제로 트럭 한 대와 버스 한 대에게 접촉을 당했다. 그렇지만 기적적으로 두 번 다 넘어지지는 않았다.

《사고 분석 및 예방(Accident Analysis & Prevention)》 2007년 3월호에 발표된 워커의 연구 결과에 따르면, 운전자들은 보통 워커가 맨머리일 때에 비해 헬멧을 썼을 때 그의 자전거에 평균 3.35인치(약 8.5센티미터) 더 가까이 다가왔다. 그렇지만 (뒤에서는 여자처럼 보이도록) 긴 갈색 가발을 썼을 때는 운신 폭이 2.2인치(약 5.6센티미터) 더 늘어났다.

워커는 이렇게 말한다. “그것은 헬멧의 그 어떤 보호 효과도 다른 기전에 의해 상쇄된다는 뜻입니다. 헬멧을 쓸 경우 자전거 이용자들이 더 많은 위험을 감수하려 하기 때문일 수 있습니다. 그리고, 아니면 또는 다른 도로 이용자들이 그들에게 다르게 행동하기 때문일 수 있습니다.” 여성으로 위장했을 때 운전 공간을 더 얻은 데는 몇 가지 이유가 있을 수 있다. 그의 설명에 따르면, 운전자들이 여성들은 자전거를 잘 못 타거나 더 약할 거라고 생각하기 때문이거나 그냥 여성들이 남자보다 더 보기 드물기 때문일 수도 있다.

자전거헬멧안전재단(BHSI)의 창립자인 랜디 스워트(Randy Swart)는, 워커의 실험 같은 연구들은 자전거 이용자들로 하여금 헬멧의 효과에 대해 위험한 오해를 하게 만들 수 있다고 말한다. 그의 설명을 들어보자. “자동차는 그에게 평균적으로 이미 매우 넓은 통과 간격을 주고 있었습니다.” 대다수 차량이 일반적으로 자전거에서 3피트(약 90센티미터)가 넘는 거리를 유지하며, 그것을 감안하면 3.35인치의 차이는 그다지 중요하지 않다고, 그는 지적한다. “만약 정말로 가장 넓은 통과 거리를 원한다면, 운전을 비틀비틀 하면 됩니다.” 가능한 한 서툴러 보이는 것이 요령이라고, 그는 덧붙인다.

워커는 이런 식의 추론에 반박하기 위해 최근 실제로 자신의 데이터를 재분석했다. “저는 자전거와 1미터 거리 안에 들어오는 차량의 수를, 그들이 위험을 끼친다는 원칙 아래 산정했습니다.” 그는 말한다. “헬멧을 썼을 때는 이 1미터 위험 구역 안에 들어오는 차량이 23퍼센트 더 많았습니다. 그것은 진정한 위험을 나타냅니다.”

4-4

자전거헬멧안전재단의 후원자이자 오스트레일리아 아미데일에 있는 뉴잉글랜드대학교의 주임통계학자인 도로시 로빈슨(Dorothy Robinson)은, 2006년 《영국의학저널(BMJ)》에 오스트레일리아와 뉴질랜드 및 캐나다에서 자전거 헬멧 사용자를 40퍼센트 이상 증가시킨 법안을 도입한 지역들에 관한 검토 논문을 발표했다. 그의 연구 결과에 따르면, 새로이 제도화된 법은 헬멧의 1차적 보호 대상인 두부의 부상을 야기하는 자전거 사고에 별로 영향을 미치지 않았다. 그의 결론은 "헬멧은 자동차와의 충돌에서 흔히 겪는 충격을 감당하기 위해 설계되지 않았고," 아울러 "자전거 이용자가 더 많은 위험을 감수하거나 운전자가 자전거 이용자를 만났을 때 조심성을 떨어뜨리게 만들 수 있다"는 것이었다.

워커가 자신의 결과를 발표했을 즈음, 공교롭게도 뉴욕 시는 자전거 사고의 사망과 부상에 관한 보고서를 내놓았다. 1996~2005년 뉴욕의 길거리에서 자전거 이용자 225명이 죽었다. 그중 97퍼센트는 헬멧을 쓰고 있지 않았다. 사망자 가운데 두부 부상과 관련되어 죽은 사람은 58퍼센트로 알려졌지만, 실제로는 최고 80퍼센트에 이를 수도 있다. 자전거헬멧안전재단의 스워트는 헬멧을 차의 안전띠에 비교하면서 이렇게 말한다. "충돌이 실제로 일어났을 때는 헬멧을 쓰고 있는 편이 나을 겁니다."

맨머리 자전거족의 새로운 세대를 불러올지 모를, 그 대중적으로 널리 알려진 보고서를 쓴 워커는 (그리고 《사이언티픽 아메리칸》 역시) 다른 자전거 이용자들에게 어떤 구체적인 권고도 할 생각이 없다. 그보다 차도에서 자전거를

탈 때 진정한 문제는 운전자들이다. "제 연구를 읽고 헬멧을 쓰면 더 안전하겠다 싶은 사람은 쓰면 됩니다. 아니다 싶으면 아마 안 써도 될 테고요." 워커는 덧붙여 이렇게 경고한다. "그렇지만 연구는 반드시 읽어야 합니다!" 그리고 차를 조심해야 하고.

4-5 프리미엄 가솔린은 자동차에 프리미엄 이득을 준다

데이비드 비엘로

프리미엄 가솔린에 프리미엄이 붙은 데는 분명히 이유가 있을 것이다. 어쨌거나 대학생용 메리엄-웹스터 사전에 따르면, 그 형용사에 "높은 가치나, 보통 또는 흔히 기대되는 것을 넘어서는 가치"라는 뜻이 있으니까. 따라서 프리미엄 가솔린은 틀림없이 더 좋은 가솔린일 것이다. 아니면 왜 프리미엄이라고 하겠는가? 그 질문의 답은 일반적인 내연기관의 역학에, 원유에서 가솔린을 정제하는 과정에, 그리고 '프리미엄'의 또 다른 정의(그 말을 명사로 썼을 때는 "유인책이나 장려책으로 주로 지불되는, 정가를 넘어서는 금액"을 뜻한다)에 있다.

다른 무엇보다도 프리미엄 가스는, 그것이 적합한 엔진에 제공하는 동력으로 따지자면 실제로 더 나은 연료다. 모든 가솔린은 헵탄(heptane, 탄소 원자 7개와 수소 원자 16개)에서 데칸(decane, 탄소 원자 10개와 수소 원자 22개)까지, 그리고 그 외에도 다양한 탄화수소 분자들로 이루어진 자극적 혼합물(heady brew)이다. 주유 펌프에 명시되어 있는 탄화수소는 옥탄(octane, 탄소 원자 8개와 수소 원자 18개)이다. 그러나 이 수는 실제로 그 가스에 든 옥탄가를 측정한 것이 아니다. 그보다 그 가솔린을 옥탄과 헵탄의 순수한 혼합물과 비교했을 때의 측정치이다. 전 세계의 특수 실험실에서, 화학자들은 그런 비교용 연료를 만든 다음 표준 측정치에 따라 정제된 가솔린과 비교하는 데 사용하고 있다. "미국재료시험협회(American Society of Testing and Materials)에는 이 특수화된 단기통 엔진으로 옥탄가를 어떻게 결정하느냐를 담은 두툼한 문서가 있습니다." 캘리포니아공과대학교의 기계공학자인 조지프 셰퍼드(Joseph Shepherd)는 말한다. "수치가 높을수록 이상폭발(knocking)이 일어날 확률이 낮습니다."

이상폭발(엄격히 통제된 연소를 위해 설계된 방에서 일어나는, 통제를 벗어난 폭발)은 내연기관의 골칫거리다. 일반적인 자동차 모터의 4행정 사이클에서, 실린더에 피스톤이 떨어지면, 실린더는 가솔린과 공기 혼합물로 채워진다. 피스톤은 다시 올라가서 혼합 연료를 압축하고, 피스톤이 꼭대기에 닿으면 점화 플러그가 폭발성 증기에 불을 붙여 다시 피스톤이 내려가게 만든다. 실린더 꼭대기로 올라간 피스톤은 소모된 연료의 찌꺼기를 배기판으로 내보내고, 전체 과정은 다시 시작된다. 점화 플러그의 동작 없이 연료와 공기 혼합물의 압축만으로 일어나는 폭발이 이상폭발이다. 이때 매우 큰 소음과 엔진의 격렬한 진동이 일어난다. 그것은 피스톤이 사이클 꼭대기에 도달하기도 전에 내려가게 만들어, "기계적으로 엔진에 매우 해롭습니다"라고 셰퍼드는 지적한다. 탄화수소 분자는 압력 아래서 각자 다르게 반응하지만, 옥탄은 더 불안정한 사촌인 헵탄에 비해 폭발의 유혹에 더 잘 저항한다. "가솔린의 평가 기준은 이 비교용 혼합물에 비해 이상폭발을 일으키는 정도입니다." 매사추세츠공과대학교의 화학자인 윌리엄 그린(William Green)이 설명한다. "이상폭발을 잘 일으키지 않는 것이 프리미엄입니다." 즉 프리미엄은 엔진 내에서 실제로는 그렇지 않더라도 옥탄가가 높은 것처럼 작용한다.

4-5

그러나 현대의 대부분 자동차는 한 특수한 압축비를* 채택하도록 설계되어 있는데, 그 기준은 피스톤이 실린더의 바닥과 꼭대기에 있을 때 연료에 얼마나 많은 공간이 있느냐 하는 것이다. 이 압축비(대략 8대1 부근)는 더 낮은 옥탄가(흔한 87옥탄 같은 레귤러 가솔린)에서도** 이상폭발을 일으키지 않는다. "압축비는 엔진 설계자가 정합니다." 그린은 말한다. "레귤러 연료나 프리미엄 연료나 모두 적절히 연소되므로 돈을 더 내야 할 이유는 없습니다." 일부 스포츠카나 클래식카 또는 중형 자동차에 쓰이는 것 같은 고성능 엔진은 종종 훨씬 높은 압축비를 자랑한다. 이런(예컨대 셰퍼드의 스바루 WRX 같은) 차는 프리미엄 가솔린이 필요하고, 확실히 그것을 쓰지 않으면 이상폭발을 일으킬 것이다. "저는 92옥탄을 넣어야 합니다." 그는 말한다. "그것은 터보 과급기를*** 가지고 있거든요."

*내연기관에서 실린더 안으로 들어간 기체가 피스톤에 의해 압축되는 용적의 비율.
**미국은 옥탄가를 기준으로 레귤러(87), 플러스(89), 프리미엄(93)으로 구분한다.
***배기가스로 터빈을 돌리고 혼합 기체를 실린더 안으로 보내 압력을 높이는 엔진의 보조 장치.

높은 압축비(그리고 거기에 요구되는 프리미엄 연료)는 특히 그의 혼다 시빅 같은 더 가벼운 차들의 엔진의 경우 속도보다 효율과 관련이 있다고, 그린은 지적한다. 에탄올 같은 다른 자동차 연료들 또한 높은 옥탄가를 제공할 수 있어서, 정유사는 그런 혼합으로 더 불안한 가솔린을 제조해 팔 수 있다. 그렇지만 오늘날 도로를 다니는 일반적인 차들을 위해 프리미엄 가솔린을 구매해봤자 더 비싼 가격에 아무런 추가적 혜택도 얻지 못한다. "그걸 꼭 쓰고 싶다는 생각이 들면, 좀 별난 거죠." 그린은 말한다.

5

건강과 생활 습관

5-1 생채소가 익힌 채소보다 건강에 이롭다

수시마 수브라마니안

요리(익히는 것)는 우리 식단에서 아주 중대하다. 이로써 우리는 막대한 양의 에너지를 소모하지 않고도 음식을 소화할 수 있다. 익히는 것은 우리의 작은 치아와 약한 턱과 소화계에게는 부담스러운 섬유소와 날고기 같은 음식을 부드럽게 해준다. 그리고 생식주의자들은 음식을 익히면 비타민과 무기질이 파괴된다고(또한 소화를 돕는 효소들이 변질된다고) 말하지만, 알고 보면 생채소가 꼭 건강에 더 좋은 것만은 아니다.

《영국영양학저널(British Journal of Nutrition)》에 게재된 한 연구는 198명의 피험자에게 엄격한 생식 식단을 적용한 결과를 내놓았다. 피험자들의 비타민 A 수치는 보통이고 베타카로틴(짙은 녹색이나 노란색 과일과 채소에 들어 있는 항산화제) 수치는 상대적으로 높았지만, 항산화 리코펜 수치는 낮았다.

리코펜은 토마토와 붉은 기를 띤 과일, 이를테면 수박, 분홍 구아바, 홍피망, 레드 파파야 같은 과일에 지배적으로 들어 있는 붉은 색소다. 최근 몇 년간 진행된 (하버드의과대학교의 연구를 비롯한) 몇몇 연구들에서, 리코펜 다량 섭취는 암과 심장병 발병률의 감소와 유관한 것으로 나타났다. 코넬대학교 식품과학과 부교수로 리코펜을 연구한 루이 하이 리우(Rui Hai Liu)는, 리코펜이 비타민C보다 더 강력한 항산화제일 가능성을 제시한다.

그가 2002년에 실시한 연구에서는 토마토를 익히면 실제로 리코펜 함량이 높아진다는 결과가 나왔다(미국 《농식품화학지Journal of Agriculture and Food Chemistry》에 발표되었다). 그는 토마토에 함유된 리코펜의 한 유형인 시스-리코펜(cis-lycopene)의 수치가 화씨 190.4도(섭씨 88도)에서 30분간 요리한 후 35퍼센트 상승했다고, 사이언티픽아메리칸닷컴에 전한다. 열은 토마토의 두꺼운 세포벽을 무너뜨려 세포벽에 함유된 일부 영양소의 신체 흡수를 돕기 때문이라는 것이다.

그 밖에 익힌 당근과 시금치, 버섯과 아스파라거스, 양배추와 피망(pepper) 등도 날것일 때에 비해 카로티노이드와 페룰산 같은 항산화제를 신체에 더 많이 공급한다. 적어도 삶거나 쪘을 때는 그렇다. 《농식품화학지》 2008년 1월 보도에 따르면, 삶거나 찌는 방식은 튀기기에 비해 항산화제를, 특히 당근과 주키니와 브로콜리의 카로티노이드를 더 잘 보존한다. 그리고 개중 최고는 삶는 방식이다. 연구자들은 다양한 요리법이 카로티노이드와 아스코르브산과 폴리페놀 같은 화합물에 미치는 영향을 연구했다.

바삭하게 튀긴 음식이 유리기(radical)의 근원이라는 것은 잘 알려져 있다. 유리기는 기름이 높은 온도에서 가열되어 지속적으로 산화될 때 만들어진다. 외톨이 전자를 최소한 하나 이상 가져서 고도로 반응성이 높은 이런 유리기는 신체 세포를 손상시킬 수 있다. 기름과 채소에 함유된 항산화제는 튀기는 동안 산화 주기를 안정화하는 데 소모된다.

2002년 《농식품화학지》에 실린 또 다른 연구에 따르면, 당근을 익히면 베타카로틴 수치가 증가한다. 베타카로틴은 카로티노이드라는 항산화 물질의

한 종류로, 과일과 채소에 붉은색, 노란색, 오렌지색을 제공한다. 베타카로틴은 체내에서 비타민A로 전환되어 시력, 생식, 뼈 성장과 면역 체계 조절에 중요한 역할을 한다.

리우에 따르면, 익히는 것의 단점은 비타민C를 파괴할 수 있다는 것이다. 그는 2분간 익힌 토마토에서 비타민C 수치가 10퍼센트 감소했음을 발견했다. 그리고 화씨 190.4도(섭씨 88도)에서 30분간 익힌 토마토에서는 29퍼센트 감소했다. 그 이유는 고도로 불안정한 비타민C가 산화와 가열(비타민C와 공기 중 산소의 반응도를 높이는), 그리고 수분과의 접촉(비타민C는 수용성이다)을 통해 쉽게 퇴화할 수 있기 때문이다.

그러나 리우는 그 정도 손실은 감수할 만하다고 본다. 리코펜과 달리 비타민C는 다른 과일과 채소에도 많이 들어 있기 때문이다. 브로콜리, 오렌지, 콜리플라워, 케일, 당근 등등. 게다가 익힌 채소는 비타민C 함량을 어느 정도 유지한다.

그렇긴 해도, 브로콜리 등의 일부 채소는 익혀 먹는 것보다 날로 먹는 편이 더 건강에 좋다고 한다. 《농식품화학지》 2007년 11월호에 실린 한 연구에 따르면, 브로콜리의 (포도당과 아미노산에서 나오는 화합물인) 글루코시네이트(glucosinate)를 분해해 설포라판(sulforaphane)이라는 화합물로 만드는 효소인 미로시나아제(myrosinase)는 열을 가할 경우 손상된다.

《암의 발생(Carcinogenesis)》 2008년 12월호에 발표된 연구에 따르면, 설포라판은 전암 세포의*

*치료하지 않으면 암으로 발전하는 세포.

증식을 막고 소멸시킬 가능성이 있다. 《미국국립과학원회보》에 게재된 2002년 연구 역시, 설포라판이 헬리코박터파일로리균과 맞서 싸우는 데 도움을 줄 가능성을 발견했다. 헬리코박터균은 궤양을 일으키고 위암 발병 위험을 증가시킨다.

반면 유기화합물인 인돌(indole)은 특정한 식물들, 특히 브로콜리와 콜리플라워와 양배추 같은 십자화과(cruciferous) 채소들을 익힐 때 형성된다. 《영양학 저널(Journal of Nutrition)》의 2001년 연구에 따르면, 인돌은 전암 세포가 악성화되기 전에 소멸시키는 데 가담한다. 그리고 당근을 삶으면 카로티노이드 수치가 상승한다는 것이 밝혀진 한편, 다른 연구에서는 그것이 폴리페놀의 전반적 손실을 낳는다는 결과가 나왔다. 폴리페놀은 생당근에 함유된 화합물이다. 특정한 폴리페놀은 항산화 효과가 있고 심혈관계 질병과 암의 위험을 줄여준다고, 2005년 《미국 임상영양학 저널》은 보고했다.

날음식과 익힌 음식의 유익함을 비교하는 것은 복잡한 일이고, 식물에 함유된 다양한 분자가 인체와 어떻게 상호작용하는가에 관해서는 여전히 많은 수수께끼가 남아 있다. 리우에 따르면, 핵심은 어떤 식으로든 일단 채소와 과일을 먹는 것이다.

"익히는 것은 맛을 좋게 하기 위해서입니다." 리우는 말한다. "그리고 맛이 좋다면 우리는 더 먹으려 하겠지요." 그게 전부다.

5-2 기름진 음식을 먹으면 피부가 나빠진다

신시아 그래버

한 10대 소년이 프라이드치킨 한 상자를 먹어 치운다. 다음 날 아침 일어나 보니, 피부에 붉은 돌기들이 돋아나 있다. 연관 관계가 있을까? 그 기름진 음식이 소년에게 심각한 여드름을 유발했을까? 지난 30년 동안의 답은 간단하고도 단호한 '아니다'였다. 그렇지만 오늘날 새로운 연구에 따르면, 답은 좀 더 복잡하게도 '어쩌면'이다.

여러분이 입에 넣는 지방은 피부에 재등장하지 않는다. 우리가 먹은 음식은 소화계로 가고, 소화계에서는 프라이드치킨을 쉽게 흡수되고 이용될 수 있는 영양소로 분해한다. 담즙산은 지방을 체강(體腔)에 있는 물로 용해시킨다. 효소에 의해 작게 분해된 지방 분자는 세포벽으로 흡수되어 가슴의 혈관과 신체 곳곳의 지방 저장고로 이송된다.

여드름은 이런 지방 저장고와 아무런 관련이 없다. 여드름이 돋는 것은 피부를 부드럽고 건강하게 유지하기 위해 지방을 분비하는 피부의 피지샘을 연결하는 관이 과잉 작용해서 과도한 지방과 세포를 생산하기 때문이다. 이들은 관에 축적되고, 기름진 마개가 되어 단단히 모공을 막는다. 세균과 효모는 이런 환경에서 잘 자란다. 신체의 면역 체계는 그에 반응하여 그 부분에 염증을 일으키고, 당황스러운 붉은색으로 바꾸어놓는다.

테스토스테론은 여드름 이야기에서 악당 역할인데, 그 피지샘과 관벽 세포

양측의 활동을 호출하기 때문이다. 여자아이들이 이른바 초경 또는 사춘기에 이르면 신체의 호르몬이 급증하는데, 거기에는 테스토스테론도 포함된다. 남자아이들은 테스토스테론 수치가 확실히 더 높다. 그래서 10대 소년들은 소녀들에 비해 여드름이 더 심하고, 신체 곳곳에 더 널리 퍼지는 경향이 있다. 여드름은 보통 이런 호르몬 급상승이 (그리고 그와 더불어 문제의 10대들도) 잠잠해지면서 사라진다. 하지만 일부에게는 여전히 남는데, 여자들의 경우는 생리 중 호르몬 변화로 여드름이 나기도 한다. 여드름에 유전적 소인이 있는 사람들도 있다.

다이어트는 이런 호르몬에 영향을 미친다. 피부과 의사인 윌리엄 댄비(William Danby)는 음식과 여드름의 상관관계를 밝히기 위해 1973년부터 1980년까지 환자들에게서 폭넓은 식단 정보를 수집했다. "시간이 지나면서 유제품 소비자들이 더 심한 여드름을 겪는다는 것이 분명해졌습니다." 댄비는 말한다. 그는 또한 이미 1966년에 환자 1,000명과의 면담을 바탕으로 여드름과 유제품 섭취의 관계를 밝힌 논문을 발견하기도 했다.

댄비는 여드름이 돋은 모든 사람에게 6개월간 유제품을 끊으라고 조언한다. 그의 말에 따르면, 그 결과는 여드름과 유제품의 연결 고리를 뒷받침한다. 아이스크림 장수의 아들로 평생 지독한 여드름에 시달리던 (그리고 평생 아이스크림 중독이었던) 61세의 한 남자는 마침내 유제품을 끊고 "1년도 안 돼 모든 새로운 병변에서 해방되었습니다"라고 댄비는 말한다.

그는 또한 4만 7,000명 이상의 간호사를 대상으로 하버드공중보건대학원의 연구진과 합동으로 실시한 회고적 전염병학 연구 결과와, 그들 간호사의 딸들을 대상으로 유제품 섭취 증가와 여드름 발생 사이의 상당한 상관관계를 밝힌 2005년 연구 결과를 《미국피부과학회지(Journal of the American Academy of Dermatology, JAAD)》에 동시에 발표했다. 그들 간호사의 아들들에 대한 또 다른 연구 결과도 조만간 발표될 예정이다. 비록 그 작용 방식은 아직 분명히 밝혀지지 않았지만, 임신한 암소의 젖은 지방 분비샘에서 가장 강력한 유형의 테스토스테론인 디하이드로테스토스테론(dihydrotestosteron)으로 변할 수 있는 호르몬을 함유한다고, 댄비는 설명한다.

《JAAD》에 실린 오스트레일리아 연구진의 논문은, 흰 밀가루와 정제 탄수화물이 풍부한 고혈당 식단이 여드름 발생률을 높이는 듯한 결과를 보여준다. 비록 저자들은 결과를 복제하려면 더 많은 연구가 필요하다고 말하지만 말이다. 그들은 그 작용 방식이 인슐린의 급증과 관련이 있다고 믿는데, 그것이 남녀 모두에게서 남성 호르몬 수치를 높인다는 것은 주지의 사실이다.

피부과 의사로 《스킨 다이어트(Clear Skin Diet)》의 공저자인 밸러리 트렐로어(Valori Treloar)는, 우리가 섭취하는 지방의 유형이 여드름에 영향을 미친다고 믿는다. 다양한 질병의 원인으로 자주 욕먹는 이른바 '나쁜' 지방은, 심장 연구에서 염증 증가와 연관이 있는 것으로 밝혀졌다. 즉 선홍색 돌기들을 배후에서 조종하는 용의자인 셈이다. 오메가3지방산 같은 좋은 지방은 항염 성질로 알려져 있다. 트렐로어는 또한, 좋은 지방이 풍부하고 나쁜 지방이 적은 전통적 식단을 섭취하는 사람들에게서 여드름 발병률이 상당히 낮다는 것을 보여주는 식단과 건강 연구들을 지목한다. 그러나 이런 구체적인 식품들과의 연관 관계는 아직 대조 연구를 통해 확인되지 않았다.

여전히 많은 피부과 의사가 식품과 여드름 사이에 연관 관계가 없다고 말하지만, 환자가 식품을 비롯해 무언가가 방아쇠라고 인지하면 그것을 피하는 것이 상식이다. 식품과 여드름은 연관이 없다는 주장은 서서히 변화하고 있다. 피부과 의사 웬디 로버츠(Wendy Roberts)에 따르면, "더 젊은 세대[의 피부과 의사]는 '확실히 어떤 식단에 반응을 나타내는 사람들이 있습니다. (…) 그렇지만 원인이 이거다, 라고 말할 수는 없어요'라고 말합니다."

그렇다면 프라이드치킨이 그 소년의 여드름 폭발을 일으켰을까? 직접적으로는 아니다. 자기 얼굴에 그것을 문지르지 않은 한 말이다. 그렇지만 새로운 연구들은 그가 먹은 것이 간접적인 역할을 했음을 짐작케 하는 흥미로운 실마리들을 보여준다.

5-3 물(1)_ 하루에 물 8잔을 마셔야 한다

캐런 벨러니어

실제로 건강에 관심이 있는 모든 사람은 다음의 권고를 들먹인다. 하루 최소 8온스(약 240밀리리터) 잔으로 8잔의 물을 마셔라. 다른 음료는 (커피, 차, 탄산음료, 맥주, 심지어 오렌지주스도) 셈에 들지 않는다. 수박? 어림도 없다.

물이 몸에 좋다는 사실은 부정할 수 없다. 그렇지만 정말로 모든 사람이 하루 64온스(약 2리터) 이상의 물을 마실 필요가 있을까? 다트머스의과대학교 생리학과 교수로 45년간 체수분 균형을 유지하는 생물학적 체계를 연구해온, 이제는 은퇴한 신장 연구 전문가 하인츠 발틴(Heinz Valtin)에 따르면, 답은 '아니요'다.

신장결석이나 요로감염증을 일으키기 쉬운 특수한 건강 문제를 가진 사람들에게는 물을 많이 마시는 것이 이로울 수 있다고, 발틴은 말한다. 하지만 이른바 '8×8' 지침의 기원에 대한 2002년의 대규모 연구와 그에 관련된 건강 주장들을 검토한 결과, 그는 건강한 사람들이 물을 많이 섭취해야 한다는 주장을 뒷받침하는 아무런 과학적 근거도 발견하지 못했다고 보고했다. 2008년에 단 니고이아누(Dan Negoianu)와 스탠리 골드파브(Stanley Goldfarb)는 《미국신장학회저널(Journal of the American Society of Nephrology)》을 위해 그 증거를 검토했다. 그들은 비슷한 결론에 도달했다. "물을 추가로 더 마시는 것이 몸에 좋다는 명확한 근거는 전혀 없다."

사실 발틴은 8×8 지침이 오해에서 비롯되었을 가능성을 발견했다. 1945년에 미국국립과학원 산하 의학연구소(Institute of Medicine)의 식품영양위원회(Food and Nutrition Board)는 음식 1칼로리당 물 1밀리리터(약 5분의 1티스푼)를 섭취할 것을 제시했다. 산수는 무척 단순하다. 매일 식단이 1,900칼로리라면 물 1,900밀리리터를 마시면 되는데, 그것은 공교롭게도 64온스와 매우 비슷한 양이다. 그렇지만 영양사들을 비롯한 많은 사람은 핵심 지점을 놓쳤다. 즉 그만큼의 하루 필요 수분은 식품의 수분 함량으로 충족시킬 수 있다는 것이다.

그 위원회는 2004년에 수분 섭취 문제를 재검토했다. '전해질과 물의 섭식 경향'을 살펴본 연구진은 여성은 약 2.7리터, 남성은 약 3.7리터의 물을 섭취하면 적절한 수분 공급 상태인 것으로 나타난다고 짚었다. 얼핏 많은 양처럼 보이지만 그 원천은 다양하다. 커피, 차, 우유, 탄산음료, 주스, 과일, 채소를 비롯한 식품들을 포함한다. 연구진은 사람이 건강을 유지하려면 물을 얼마나 더 추가로 마셔야 한다는 권고 없이, "건강한 사람들의 절대다수는 갈증을 기준으로 매일의 수분 섭취 요구를 적절히 충족시킨다"고 결론 내렸다.

8×8 지침의 옹호자들은 갈증이 수분 섭취의 좋은 지표가 아니라고 주장하곤 한다. 많은 사람이 심한 만성적 탈수 상태여서 더는 자기 몸의 물 신호를 인지하지 못한다는 것이다. 펜실베이니아주립대학교 영양학과 교수인 바버라 롤스(Barbara Rolls)는 동의하지 않는다. 그의 연구 결과 "사람들이 만성적으로 탈수 상태라는 아무런 증거도 나타나지 않았습니다." 비록 갈증 조절에 문제

를 일으키는 약물들이 일부 존재하고, 노인은 젊은이에 비해 갈증을 덜 느낄 수도 있지만, 롤스는 대다수 건강한 사람들이 적절히 수분을 섭취하고 있다고 주장한다.

8×8 지침을 옹호하는 사람들이 종종 내세우는 또 다른 이점은 체중 감량이다. 그들은 사람들이 갈증을 허기로 착각하여, 실제로는 목이 마를 뿐인데 음식을 먹는다고 주장한다. 또한 물을 마시면 식욕을 억누를 수 있다고 한다. 심각한 비만 문제를 감안하면, 아무리 적은 양(또는 방울)이라도 무시할 수 없다.

그렇지만 롤스는 동의하지 않는다. "물을 마시면서 살이 저절로 빠지기를 기다리는 것은 효과가 없습니다. 그게 그렇게 단순하면 얼마나 좋겠어요." 그의 설명에 따르면 "신체에서 허기와 갈증을 조절하는 시스템은 서로 별개입니다. 사람들이 갈증을 허기로 착각할 가능성은 낮습니다." 게다가 그는 자신의 연구 결과를 이렇게 보고한다. "식사 전후에 물을 마시는 것이 식욕에 영향을 미친다는 증거는 한 번도 발견되지 않았습니다." 그럼에도 그 오해에는 일말의 진실이 담겨 있다. 롤스는 (그냥 물이 아니라) 수분이 풍부한 음식이 칼로리 섭취 감소에 영향을 미친다는 확실한 근거를 발견했다. 그리고 그는 이렇게 덧붙인다. "물이 체중 감량을 도울 수 있는 방법이 하나 있습니다. 칼로리 높은 음료 대신 물을 마시는 겁니다."

롤스도 발틴도 물을 건강한 식단에 포함시킨다는 생각에 반대하지 않는다. 두 사람 다 신체가 제대로 기능하려면 물이 필요하고 탈수는 신체에 해롭다는 것을 인정한다. 그러나 그들은 어떤 보편적 진리인 가이드라인이 이상적인 물 섭취량을 결정한다는 생각에는 확실히 반대한다. "수분 요구는 외부 기온과 활동 수준을 비롯한 다른 요인에 따라 크게 달라지므로 모든 사람에게 들어맞는 한 가지 규칙은 없습니다." 롤스는 말한다. 그리고 발틴은 일부 상황에서는 물을 너무 많이 마시는 것이 실제로 위험하고, 심지어 치명적일 수 있다고 주의를 준다.

그렇다면 우리는 물을 얼마나 많이 마셔야 할까? 그들의 조언은 다음과 같다. 만약 특정한 의학적 문제가 있다면 의사와 상담할 것. 그렇지만 건강한 사람들에게, 롤스는 이렇게 권한다. "식사할 때 음료를 마시고, 목이 마를 때 마시면 됩니다." 다시 말해 갈증 신호를 따르고, 수박을 맛있게 먹고, 그 밖에 추가로 물을 벌컥벌컥 들이키지 않는 데 대한 죄책감을 버려라.

5-4 물(2)_ 너무 많은 물은 죽음을 부른다

코코 밸런타인

액체 H_2O는 생명의 필요조건이다. 인체의 약 66퍼센트를 차지하는 물은 혈액과 함께 흐르고, 세포를 채우고, 그들 사이의 공간에 머문다. 물은 매 순간 땀과 대소변 또는 날숨으로, 그리고 그 밖의 다른 경로로도 몸에서 빠져나간다. 물이 빠져나간 저장고를 채우는 것은 필수지만, 과도한 공급이 일어날 수도 있다. 치명적인 물 과용이라는 것이 존재한다.

28세의 캘리포니아 여성이 2007년에 한 라디오방송국의 생방송 물 마시기 대회에 참가했다가 목숨을 잃었다. 'Wii를 위해 소변을 참아라(Hold Your Wee for a Wii)'* 대회에 참가해 세 시간 동안 약 6리터의 물을 마신 후 구토를 하고 깨질 듯한 두통에 시달리며 집으로 돌아간 제니퍼 스트레인지는 이른바 물 중독으로 숨졌다.

*닌텐도 게임기 Wii와 소변을 어린아이 식으로 말하는 wee(쉬야)의 발음이 동일한 것을 이용한 말장난.

물에 의한 죽음의 비극적인 예는 그 밖에도 많다. 2005년에 캘리포니아주립대학교에서 남학생사교클럽의 신입생으로 신참 괴롭히기를 당하던 치코라는 이름의 21세 남성은, 차가운 지하실에서 푸시업을 하는 사이사이 억지로 과도한 양의 물을 마신 후 목숨을 잃었다. MDMA('엑스터시')를 복용한 클럽 단골들이 밤새 춤을 추면서 흘린 땀을 보충하려고 엄청난 양의 물을 마신 후에 사망한 사건도 있었다. 과도한 수분 보충은 마라톤 선수들 사이에서도 흔한 일이다. 2005년 《뉴잉글랜드의학저널》의 한 연구는 마라톤 주자의 약 6분의 1은 어느 정도 저나트륨혈증(hyponatremia), 즉 과다한 수분 공급으로 혈액이 묽어지는 증상을 발달시킨다는 결과를 내놓았다.

저나트륨혈증이란 말은 라틴어와 그리스어에서 유래되었으며, 풀어 말하면 '혈액 내 염분 부족'이다. 정량적으로 말하자면 혈중 나트륨 농도가 리터당 135밀리몰 이하라는 뜻이다. 정상 농도는 리터당 135~145밀리몰이다. 심각한 저나트륨혈증은 물 중독으로 이어질 수 있으며 두통, 피로, 메스꺼움, 구토, 잦은 배뇨와 정신적 혼미 등의 증상을 나타낸다.

인간의 신장은 수백만 개의 뒤엉킨 세관들을 통해 피를 걸러냄으로써 체외로 내보내는 물과 염분을 비롯한 용질들의 양을 조절한다. 단시간에 너무 많은 물을 마시면, 신장은 그것을 충분히 빨리 내보낼 수 없고, 따라서 혈액은 묽어진다. 염분을 비롯한 용질의 농도가 더 높은 부분으로 빨려간 과도한 수분은 혈류를 벗어나 결국 세포로 들어가는데, 그러면 세포가 수분을 머금기 위해 풍선처럼 부푼다.

대다수 세포는 지방과 근육 같은 유연한 조직에 박혀 있기 때문에 더 늘어날 공간이 있다. 하지만 신경세포의 경우는 예외다. 뇌세포는 단단한 골격 안에 빽빽이 들어차 있고 이 공간을 혈액 및 뇌척수액과 공유해야 한다고, 듀크대학교 의료센터의 임상신경학자인 울프강 리트케(Wolfgang Liedtke)는 설명한다. "두개골 안에는 확장하고 부풀어 오를 공간이 거의 제로입니다."

따라서 뇌수종이나 뇌부종은 재앙을 초래할 수 있다. "급성의 심각한 저나트륨혈증으로 뇌세포에 물이 들어가면 뇌부종이 일어나고, 그러면 발작, 혼수 상태, 호흡 정지, 뇌간 헤르니아* 그리고 사망으로 이어질 수 있습니다"라고 매사추세츠종합병원과 하버드의학대학원의 신장학과 과장인 아민 아르나우트(M. Amin Arnaout)는 말한다.

*탈장(脫腸).

사람들은 엄청난 양의 물을 벌컥벌컥 마시는 것이 건강에 좋다는 생각을 어디서 떠올렸을까? 몇 년 전에 다트머스의과대학교의 신장 전문가인 하인츠 발틴은 물을 8온스 잔으로 하루 여덟 번씩 마시라는 흔한 권고가 과학적 검증을 통과할 수 있는지 확인하기로 마음먹었다. 동료평가를 받은 문헌을 샅샅이 뒤진 발틴은 8×8 금언을 뒷받침하는 과학적 연구가 전혀 존재하지 않는다고 결론 내렸다(온대기후에 살며 약간의 운동을 하는 건강한 성인의 경우). 그는 사실 물을 이만큼이나 많이 마시거나 그보다 더 많이 마시는 것은 "두 가지 점에서, 즉 잠재적 위험인 저나트륨혈증과 오염물질에의 노출을 유발할 수 있다는 점, 그리고 많은 사람에게 물을 충분히 마시지 않는다는 죄책감을 줄 수 있다는 점에서 해로울 수 있다"라고, 《미국생리학저널 — 조절, 통합, 비교 생리학(American Journal of Physiology — Regulatory, Intergrative and Comparative Physiology)》의 2002년 검토 논문에 썼다. 그리고 그 결과가 발표된 이후로, "동료평가 발행물에 발표된 과학적 보고서 가운데 단 한 편도 반증을 대지 못했습니다"라고 발틴은 말한다.

대부분의 물 중독 사례는 단순히 너무 많은 물을 마신 탓이 아니라고, 조지타운의과대학교의 학장인 조지프 버발리스(Joseph Verbalis)는 말한다. 보통

과도한 수분 섭취에 (항이뇨호르몬이라고도 하는) 바소프레신(vasopressin) 분비 증가가 더해지면 문제가 된다는 설명이다. 시상하부에서 만들어지고 뇌하수체 후엽에서 혈류로 분비되는 바소프레신은 신장에게 물을 보존하라고 지시한다. 이 호르몬은 (예컨대 마라톤을 할 때처럼) 육체적 스트레스 상황에서 증가하며, 아무리 물을 많이 마시고 있어도 아랑곳하지 않고 신체가 물을 보존하도록 만들 수 있다.

휴식 중인 건강한 신장은 매시간 800~1,000밀리리터의 물을 배설할 수 있으므로 한 시간에 800~1,000밀리리터의 속도로 물을 마셔도 체내 수분이 증가하지 않는다고, 버발리스는 설명한다. 그러나 마라톤을 하고 있다면 그 상황의 스트레스 때문에 바소프레신 수치가 증가해, 신장의 배설 능력을 시간당 100밀리리터까지 떨어뜨릴 수 있다. 이때 시간당 800~1,000밀리리터의 물을 마신다면 상당량의 땀을 흘린다 하더라도 수분 증가로 이어질 것이다.

운동하는 동안 "마시는 물의 양과 흘리는 땀의 양이 균형을 이뤄야 합니다"라고 버발리스는 조언한다. 여기에는 스포츠드링크도 포함되는데, 그 또한 과도하게 섭취하면 저나트륨혈증을 야기할 수 있다고 한다. "시간당 500밀리리터의 땀을 흘리고 있다면, 그만큼을 마셔야 합니다."

그렇지만 땀 배출량 계산은 쉽지 않다. 마라톤 주자든 아니든 얼마나 많은 물을 섭취할지를 어떻게 결정할 수 있을까? 몸이 건강하고 노령 또는 향정신성 약물에 의한 갈증 감지 문제가 없을 경우, "갈증이 나면 물을 드세요. 그게 가장 좋은 표지입니다"라고 버발리스가 덧붙인다.

5-5 항산화 보충제는 수명을 늘린다

조너선 셰프(윌라 오스틴 이시코프의 보도와 함께)

만약 항산화 보충제에 붙은 라벨을 믿을 수 있다면, 여러분은 이 책을 그만 덮어버리고 알약이나 먹으러 가야 한다. 폼원더풀(Pom Wonderful)은 원래 석류즙 제조업체였지만, 항산화 보충제의 매출 신장에 자극을 받고 이제 그쪽 주장으로는 '특별한 건강상의 혜택'이 있다는 항산화 보충제를 만들어 판매한다.

이러한 주장은 식품점과 인터넷의 수많은 건강보조제 광고에서 메아리쳐 울린다. 예를 들어 소스 내추럴스 레스베라트롤(Source Naturals Resveratrol)은 GNC(General Nutrition Centers)* 웹사이트에서, 항산화제를 복용하는 것은 "(…) 전신의 유리기 손상을 예방하고 심혈관계에 보호 효과를 제공하는 데 도움이 될 수 있습니다"라고 광고한다. 문제가 해결됐다. 그러나 별표 붙은 각주를 보면 좀 김빠진다. "이 내용은 식품의약국의 검증을 받지 않았습니다. 이 제품은 어떤 질병의 진단이나 대처 또는 치유나 예방을 목적으로 하지 않습니다."

*건강 관련 기능 식품을 생산 및 판매하는 기업.

그렇다면 항산화제의 건강상 혜택이라는 것이 실제로 존재하는가?

이론은 다음과 같다. 이름만 봐도 짐작할 수 있겠지만, 항산화제란 정상적인 신체 기능의 일부이지만 한편으로 세포에 손상을 입힐 수 있는 과정인 산화를 늦춘다. 산화는 심지어 콜레스테롤을 더 끈적거리게 하여 순환을 막고 심장병이나 뇌졸중의 위험을 높인다.

따라서 비타민C와 비타민E, 그리고 당근을 비롯한 채소에 함유된 다른 항산화 화합물 같은 항산화제가 건강에 이롭다는 것은 적어도 이론적으로는 말이 된다. 석류와 적포도주와 감초에 함유된 항산화제도 마찬가지다. 그리고 1990년대의 초기 연구들은 항산화제를 더 많이 섭취한 사람들의 심장병과 뇌졸중 발병률이 더 낮다는 결과를 보여주었다.

그렇지만 그런 발견은 항산화 보충제의 손을 들어주지 않았다. 이후의 연구들에서는 그런 보조제가 심장병과 뇌졸중의 위험을 줄이지 못했다. 그리고 일부 경우에는 실제로 증가시켰다.

보스턴 브리검여성병원의 전염병학자로 위의 연구들 중 하나에 공저자로 참여한 낸시 쿡(Nancy Cook)은 이런 결과들에 대해 두 가지 가능한 설명을 제시한다. 하나는 그 보충제 연구에서 복용량과 항산화제의 조합이 옳지 않았기 때문이라는 것이다. 또 하나는 (보충제가 아니라 식품에 함유된) 항산화제를 많이 섭취한 사람들은 이미 심장병 위험을 낮춰주는 일들을 하고 있다는 것이다. 즉 운동을 하고 과일과 채소를 충분히 먹는 것 등이다.

이스라엘 하이파에 있는 람밤(Rambam)의료센터의 생화학자인 마이클 아비람(Michael Aviram)은 또 다른 대안을 제시한다. 그의 연구는 석류에 초점을 맞춘다. 한 최근 연구에서, 그는 동맥 폐색을 유발시킨 생쥐에게 석류 조각을 먹였더니 폐색이 완화되었음을 발견했다. 그런 폐색이 심장병과 뇌졸중을 유발할 수 있으므로, 그는 자신의 연구가 항산화제들이 그런 증상을 방지하는 작용을 한다는 것을 보여준다고 말한다. 그리고 비록 이전 연구들에서는 (역시 항산화제인) 비타민E가 그런 폐색을 없애주지 못한다는 결과가 나왔지만, 그의 연구에서는 석류에 함유된 유형의 항산화제는 그럴 수 있다는 결과가 나왔다. 그의 이론은 다음과 같다. 즉 산화 스트레스에는 바이러스, 독소, 육체적 긴장 등의 다양한 근원이 있고, 각각의 항산화제는 특정 유형의 스트레스에만 효과를 발휘하는지도 모른다는 것이다.

다시 말하면 내가 섭취한 항산화제가 내 신체의 좋은 정상적 산화에 맞서 싸우는지, 아니면 나쁜 산화에 맞서 싸우는지에 달려 있다. "이런 일들에서 악마는 대부분 디테일에 있습니다." 워싱턴 D. C. 소재의 동종업계 조합인 CRN(Council for Responsible Nutrition)의* 앤드루 샤오(Andrew Shao)는 보조제 제조업자들을 대표하여 말한다. "여러분이 모든 마케팅을 액면 그대로 받아들인다면, 산화가 전혀 일어나지 않는 것이 가장 이상적이라고 생각할 수도 있습니다. 하지만 그렇지 않습니다. 산화는 정상적인 생화학의 일부, 면역 체계의 일부입니다."

*미국 건강기능식품협회.

"대다수[항산화제]는 단독으로 작용하지 않습니다." 그는 덧붙인다. "그것은 약물이 아닙니다."

샤오는 쿡과 마찬가지로, 항산화제가 풍부한 식단과 규칙적 운동을 포함하는 건강한 생활 습관을 권한다. "일부 마케팅에서는 그와 어긋나는 주장을 할 수도 있지만요." 그는 그렇게 말했지만, 구체적으로 어떤 광고를 두고 하는 말인지는 밝히지 않았다.

마케팅은 또한 소비자로 하여금 그 효과가 어떤 것인지 알기 어렵게 만든다. "선반에 놓인 제품이 임상 실험에서 연구된 것과 동일한 걸까요?" 샤오는 묻는다. 식품의 경우 식품의약국(FDA)과 연방통상위원회(FTC)가 라벨이나 광고의 주장을 감시하지만, "기준은 그 주장하는 언어의 강도와 구체성에 따라 천차만별입니다"라고 그는 말한다. '항산화를 도움'이라고 주장하는 제품은 어떤 특정한 병의 위험을 낮춰준다고 주장하는 제품보다는 분노를 덜 살 것이다.

어쨌든 연구는 명확하다. 세심하게 통제된 대규모 연구와 실험은 항산화 보조제의 어떤 혜택도 지속적으로 발견하지 못했다고, 터프츠대학교의 앨리스 리히텐슈타인(Alice Lichtenstein)은 말한다. "여러분은 데이터의 총체성을 받아들여야 합니다. 그게 [과학에서] 통상적으로 하는 일이니까요." 그는 말한다. "항산화제가 왜 인기일까요? 모르겠습니다. 어쩌면 그게 쉬운 답처럼 들리기 때문일 수도 있겠죠."

5-6 비타민 보충제가 건강을 증진한다

코코 밸런타인

vita는 라틴어로 '생명'을 뜻하고, 비타민은 생명에 필수적이다. 세계보건기구(WHO)는 비타민을 효소와 호르몬, 그 밖의 화학적 필수품을 합성하기 위해 신체가 이용하는 '요술 지팡이'라고 부른다. 하지만 비타민은 그냥 만들어지는 것이 아니므로, 신체는 외부의 원천에서 비타민을 가져와야 한다. 그 원천이란 보통 식품이다. 그렇지만 많은 사람이 건강을 위해 입속으로 털어 넣는 알약은 과연 같은 효과를 낼까?

인간이 생명을 유지하려면 13종의 비타민이 필요하다. 소량이면 충분하기 때문에 '미량영양소'라고도 하는 비타민은 두 범주로 묶을 수 있다. 지용성(A, D, E, K)이고 과도하게 섭취하면 신체에 축적되는 비타민과, 수용성(C, B)이고 쉽게 배출되는 비타민이다. 다량의 비타민C와 리보플래빈(비타민B_2)을 섭취해 본 적 있는 사람들은 무슨 말인지 알 것이다(소변이 밝은 노란색이나 오렌지색이 된다).

비타민을 섭취하는 가장 좋은 방식은 비타민 알약이 아니라 음식을 통해서라고, 예일공중보건대학원의 만성질환역학과 교수인 수전 테일러 메인(Susan Taylor Mayne)은 말한다. 그가 말하는 보충제의 한 가지 큰 문제점은 비타민만 똑 떼어내어 제공한다는 것이다. 과일과 채소 등의 식품에 함유된 비타민은 수천 가지 다른 피토케미컬, 다른 말로 식물 양분과 함께 섭취된다. 피토케미컬은 생명 유지에 필수적이지는 않지만 암과 심혈관계 질병, 알츠하이머병을 비롯한 만성 질병으로부터 우리를 지켜줄 수 있다. 당근과 토마토의 카로티노이드, 브로콜리와 양배추의 이소티오시안염(isothiocyanate), 콩과 코코아와 적포도주의 플라보노이드는 그저 몇 가지 예일 뿐이다.

이 모든 비타민과 피토케미컬의 조합이 발휘하는 효과는 한 가지 영양소만 단독으로 복용하는 것보다 훨씬 강력한 것으로 보인다고, 메인은 설명한다. 예를 들어 리코펜(토마토에 그 붉은 색조를 제공하는 카로티노이드)은 전립선암의 위험을 낮춘다고 여겨져, 많은 보충제 제조사가 이 건강한 물질을 담은 알약을 만드는 데 덤벼들었다. 그러나 연구 결과 보충제 형태로 섭취된 리코펜은 토마토나, 토마토의 화학적 온전성을 어느 정도 보존하고 있는 파스타소스와 케첩 같은 토마토 제품으로 먹었을 때와 동일한 혜택을 주지 않는 듯하다.

건강한 식단이 아무리 중요하다 해도, 보충제를 꼭 먹어야 하는 경우는 없을까? 보스턴 하버드공중보건대학원의 영양학-역학 교수인 메이어 스탬퍼(Meir Stampfer)는 햇빛을 많이 쬐지 못하는 건강한 성인에게 멀티비타민과 추가로 비타민D를 섭취하라고 권한다.

그는 특정 비타민에 한해 의학연구소의 하루권장량(RDA) 이상을 섭취하면 특정 만성질환의 위험을 낮출 수 있다고 말한다. 한 예로 스탬퍼는 비타민E 보충제를 몇 년간 섭취해온 남녀는 심장병 위험이 더 낮다는 연구 결과를 얻었다. "혜택이 있다는 증거는 미미합니다." 하지만 또한 하루에 200,

400, 심지어 600IU까지* 섭취해도 "아무런 해가 없다는 확실한 근거가 있습니다"라고 스탬퍼는 설명한다. (비타민E의 RDA는 남녀 모두에게 22.5IU 또는 15밀리그램이다.)

*IU(international units)는 비타민과 호르몬 등 생리 활성 물질의 역가(力價)를 통일해 표시하기 위하여 국제적 승인을 거쳐 정한 국제단위다.

메인은 비타민E 보충제가 모든 원인의 사망률을 증가시킨다는 최근의 메타분석 결과를 들어 이의를 제기한다. 그는 이 분석이 비타민E 보충제가 해롭다는 것을 보여주는지 여부를 놓고 "논쟁을 할 수는 있습니다"라고 말하지만, 또한 "확실히 아무런 혜택도 입증된 바 없습니다"라고 장담한다. 아마도 비타민D만 예외로 하고 RDA 이상의 비타민을 섭취할 필요는 전혀 없다고, 메인은 주장한다. 사실 특정 미량영양소를 과도하게 복용하면 해롭다는 증거가 늘어나고 있다.

스탬퍼는 특정 비타민을 과용하는 것이 해로울 수 있음을 인정한다. "가장 흔한 것들 중 조심해야 할 것은 활성형 (…) 비타민A입니다. 그것은 소량으로도 과다 복용이 되기 쉽습니다." 레티놀(retinol), 레티닐팔미테이트(retinyl palmitate)와 레티닐아세테이트(retinyl acetate)를 피하도록 유의하자. 이들은 1만 IU 이상 섭취하면 둔부 골절과 특정한 선천적 결손증의 위험을 높일 수 있다.

그렇지만 비타민 보충제의 건강상 효과를 결론 지으려면 더 무작위적인 임상 실험이 필요하다는 데는 메인과 스탬퍼 모두 동의한다. 그리고 그런 보충제는 특정한 사람에게 매우 중요하다. 많은 아프리카계 미국인과 햇빛이 부족한 지역에 사는 사람들은 비타민D 결핍이므로 보조제의 혜택을 볼 수 있다고, 메인은 설명한다. 임신한 여성뿐 아니라 언젠가 임신할 생각이 있는 여성도 아기의 심각한 선천적 결손증을 예방하기 위해 엽산 보충제를 복용해야 한다. 50세 이상은 B_{12} 보충제를 섭취하는 것이 이로울 수 있다고, 미국식이영양협회(American Dietetic Association)의 대변인인 로베르타 앤딩(Roberta Anding)은 말한다. 이 비타민은 나이가 들면서 소화관 흡수율이 떨어지기 때문이다. 마지막으로 하버드공중보건대학원의 영양학-역학 교수인 와파이 파우지(Wafaie Fawzi)의 말에 따르면, HIV* 양성 환자는 면역력을 증진하고 병 진행 속도를 늦추기 위해 멀티비타민을 복용해야 한다.

*에이즈 바이러스.

역설적이게도 "비타민 보충제를 복용할 가능성이 가장 높은 사람들은 그것이 가장 필요 없는 사람들입니다." 메인은 말한다. 부유하고 건강에 관심이 많은 사람들은 누구보다도 더 앞장서서 보충제를 입속에 털어 넣고 있다. 그것은 아무런 이득도 주지 못할뿐더러 오히려 해로울 수 있다고, 그는 말한다. 앤딩도 동조한다. "식사를 잘 챙겨 먹고 있다면 아마 멀티비타민은 필요 없을 겁니다."

다른 한편, 자신이 비타민 보충제를 복용하는 스탬퍼는 이렇게 지적한다. "만약 제가 틀렸다고 해도 몇 달러를 낭비한 게 다죠. 만약 옳다면, 제가 멀리하고 싶은 질병의 위험을 낮춘 거고요."

5-7 복제약은 몸에 해롭다

몰리 웹스터

경제 불황의 시대를 살아가는 우리는 모두 무언가를 포기해야만 한다. 유럽 여행, 유기농 우유와 잡지 구독 모두 '안녕'. 그렇지만 포기하려면 심각한 병이나 죽음의 위험을 감수해야 하는 것이 있는데, 바로 처방의약품이다.

미국 질병통제예방센터의 2004년 추산에 따르면, 미국인 중 적어도 47퍼센트가 매달 처방전을 받고 있다. 캐나다에서 브랜드 알약과 가루약과 스프레이를 주문하는 것을 넘어, 비용을 줄여보려고 복제약으로* 방향을 트는 사람들도 있다. 하지만 걱정할 필요는 없다. 진짜 루이비통 핸드백에서 차이나타운의 짝퉁 루이비통 핸드백으로 옮겨 가는 것과는 달리, 몇 달도 안 돼 괴로움에 몸부림치며 진짜를 찾게 되지는 않는다.

*특허가 만료된 오리지널 의약품과 같은 성분으로 만드는 약을 말하며, 최근에는 '제네릭(generic)'으로 표현한다.

"이론상 복제약은 브랜드 약품과 모든 점에서 똑같이 고품질입니다." 미국 식품의약국(FDA)의 부국장을 지낸 윌리엄 허버드(William Hubbard)는 말한다. "저는 처방을 받으면 아무 거리낌 없이 복제약을 복용할 겁니다."

복제약은 브랜드 약품과 마찬가지로 치료 효과가 있는 동일한 활성 성분을 함유한다. 그러나 의학적 성분이 같다고 해서 두 의약품이 동일하다는 뜻은 아니다. 알약을 코팅하고 색깔을 내는 것이나, 구성물을 정제 형태로 뭉치는 것을 포함해 비활성 성분은 다를 수 있다.

또한 생물학적동등성(bioequivalence), 즉 일정 시간이 지났을 때 혈류에 남아 있는 약물의 양도 다를 수 있다. 사실 2009년 FDA에서 1996~2007년 FDA 승인을 받은 2,070건의 경구용 복제약을 대상으로 실험을 했을 때, 복제약은 생물학적동등성에서 브랜드 약품과 평균 약 3.5퍼센트 차이가 난다는 결과가 나왔다. 10퍼센트 이상 차이 나는 경우는 2퍼센트 이하였다. 많은 사람에게 이 정도 차이는 의약적 효능을 떨어뜨리거나 독성을 야기할 만큼 충분히 크지 않다고 여겨진다.

"대다수 환자에게는 바꿔도 문제가 되지 않습니다." 하버드의대 브리검여성병원의 내과의이자 약물 정책 연구자인 애런 케슬하임(Aaron Kesselheim)은 말한다. 케슬하임은 복제 심장약과 브랜드 심장약 사이에 통계적으로 큰 치료적 차이가 없음을 보여준 2008년 연구의 저자이기도 하다.

바꿨을 때 문제가 생길 수 있는 소수의 환자들은 용량의 아주 작은 차이로도 이로움과 해로움이 갈리는, 치료역이 좁은 약물을 복용하는 사람들이다. 이를테면 항혈액응고제와 항고혈압제 같은 것이다. 선발 의약품(또는 브랜드 의약품)을 쓰는 경우라도, 의사들은 이런 유형의 치료를 받는 환자에 대해서는 유의해서 각 개인의 생리학에 부합하는 정확한 양을 찾아내야 한다. 약을 함부로 바꾸면, 특히 생물학적동등성의 가변성이 조금이라도 있다면 치료 효과가 사라질 수도 있다.

"치료역이 좁은 약물을 꾸준히 복용해온 환자라면 복제약이나 새로운 브랜드 약물로 바꾸기 전에 한 번 더 생각하는 것이 합리적입니다." 케슬하임은 말한다.

복제약이 대체로 선발 의약품과 대등하다는 확실한 과학적 근거에도 불구하고, 브랜드가 없는 약품에 대한 두려움은 면면히 남아 흐르고 있다. 사실 《미국의학협회저널》에 실린 케슬하임의 2008년 연구의 일환으로, 그의 팀은 1975~2008년에 동료평가 보건 전문지에 게재된 심혈관 질병 복제약 관련 기사 43건을 검토했다. 그 결과 53퍼센트가 복제약에 대해 부정적 시각을 드러냈음이 밝혀졌다. 환자 사례 보고와 브랜드 제약사의 복제약 반대 광고를 감안하면 걱정하는 것도 비합리적인 일은 아니다.

그렇지만 공정히 말해서 우려의 대부분은 2008년 헤파린(heparin)의 경우처럼 해외에서 제조된 의약품에 독성 물질이 들어간 것 같은, 어떤 무시무시한 복제약 스캔들에서 비롯된 것이다. 오늘날 복제약과 일반의약품에* 함유된 활성 성분의 40퍼센트는 인도와 중국에서 생산된다. 그리고 그 수는 계속 증가할 것으로 예상된다. 앞으로 몇 년 후면 수많은 브랜드 의약품의 특허가 만료될 것이고, 10년 안에 미국인이 복용하는 처방약품의 80퍼센트를 복제약이 차지할 것이다.

*처방전 없이 살 수 있는 약물.

그리고 비록 지금까지 복제약이 브랜드 약품 못지않게 효과적이고 안전하다는 사실이 입증되어왔지만, 복제약은 브랜드 약품보다 독성 물질의 불순물이 섞여 들 위험이 더 높다는 우려가 있다. 일부 회사는 가격을 가능한 한 싸게 유지하기 위해 비용 절감의 유혹을 받을 수도 있기 때문이다.

"FDA의 요구 사항은 꽤나 엄격합니다." 허버드는 말한다. "그렇지만 외국 회사에는 그와 동일한 안전 및 관리 감독 문화가 없습니다. 그리고 가격을 낮추는 데 더 관심이 많고요."

FDA 측에 따르면, 복제약을 규제하기 위해 세운 규정은 브랜드 의약품에 대한 규정과 마찬가지로 엄격하다고 한다. 그렇지만 FDA가 원래 국내 감시용으로 설립되었음을 잊지 말자. 해외 확장과 의약품 제조사의 급증은 그들의 인프라에 도전을 제기해왔다.《뉴욕타임스》는 2007년에 FDA가 중국 시설 500곳 중에서 13곳만을 현장 점검했다고 보도했다. FDA는 그 사실을 인정하고, 제조 설비의 현장 규제를 더 강화할 수 있도록 해외 직원을 확장하기를 기대하고 있다. 2008년에 FDA는 코스타리카와 벨기에는 물론이고 중국에 세 곳, 인도에 두 곳의 사무소를 열었다. 허버드는 장차 미국 의약 산업과 조금이라도 관련된 모든 외국 시설이 FDA에 등록을 해야 할 거라고 내다본다. 그들은 제품의 목록뿐 아니라 연락처까지 제공해야 할 것이다.

더불어 처방의약품과 일반의약품의 표준을 규정하는 미국약전(U.S. Pharmacopeia, USP)은 최근 제조사가 미국용으로 제조하는 제품에 실시해야 하는 선별 검사(identification test)의 일부를 변경했다. 이러한 더 새롭고 더 엄격한 분석은 이전 규약보다 불순물에 더 민감하다. (그리고, 뭐 도움이 될지 모르겠지만, USP는 일부 더 엄격한 식품 검사 규정을 확립하기 위한 노력도 하고 있다. 멜라민을 떠올려보자.)

그러나 오늘날 처방약 복용자는 "당황할 필요가 없습니다"라고 허버드는 말한다. 미국인 중 67퍼센트가 복제약을 복용 중이고, 부정적 사례는 드물다.

그리고 연구들은 복제약이 브랜드 의약품 못지않게 효과적이라는 것을 입증해왔다.

그러니까 불황이 극심한 이때, 안심하고 복제약을 이용하자.

5-8 발한 억제제가 하는 일은 땀을 억제하는 것만이 아니다

S. M. 크레이머

발한 억제제를 못 쓴다는 생각만 해도 식은땀이 나는 사람들이 있을 것이다. 하지만 그것을 쓴다고 생각하면 식은땀이 나는 사람들도 있다. 겨드랑이에 바르는 발한 억제제는 냄새와 축축함을 방지해준다. 그런데 땀을 줄여주는 그 알루미늄 기반의 화합물이 과연 알츠하이머와 유방암을 유발할 수도 있을까?

발한 억제제에 대한 혐의는 알츠하이머에 관한 새로운 발견과 더불어 40년도 더 전부터 제기되었다. 알츠하이머는 500만 명 이상의 미국인에게 영향을 미치는 진행성 치매다. 발한 억제제는 (염화알루미늄aluminum chloride, 알루미늄클로로하이드레이트aluminum chlorohydrate, 알루미늄지르코늄aluminum zirconium 같은) 화합물을 이용해 일시적인 땀구멍 마개를 형성한다. 당시 연구자들은 알루미늄에 노출된 토끼의 뇌가 신경세포 손상을 입는다는 것을 발견했고, 그 증상은 알츠하이머의 조짐으로 여겨졌다. 그리고 금속 수치가 높은 장기 투석 환자들은 치매를 일으켰다.

비판자들은 토끼가 인간의 뇌 질환을 예측하기에 적합한 동물 모델이 아니라고 주장하는 한편 투석 환자들은 알츠하이머가 아니라 투석 뇌병증, 다른 말로 '투석 치매'를 겪는다는 점을 지적한다. 그렇지만 뉴욕 시 마운트사이나이 의과대학의 신경병리학자인 대니얼 펄(Daniel P. Perl)은 알츠하이머병의 특성인 신경원섬유 엉킴(neurofibrillary tangles)에서 알루미늄의 흔적을 발견했다.

5-8

“토끼가 적합한 모델이 아니라고 해서 문제가 없다는 뜻은 아닙니다.” 그는 말한다. “인간에게 노출되면 확실히 독성이지만 생쥐에게, 심지어 원숭이에게 노출되면 아무 문제를 일으키지 않는 것이 엄청나게 많으니까요.”

평균적으로 대다수 사람은 음식에서 약 30~50밀리그램의 알루미늄을 흡수하고, 제산제와 완충 아스피린 같은 일반의약품을 복용하는 사람들은 대략 하루 5그램이라는 엄청난 양을 섭취한다. 그 수준에서는 해로운 효과가 거의 나타나지 않는다고, 대다수의 전문가는 말한다.

회의론자들은 그 우려가 처음 제기되고 몇십 년이 지나도록 역학적 증거가 밝혀지지 않았다는 점을 지적하면서, 지각에서 세 번째로 흔한 원소를 피하기란 불가능하다고 말한다.* 아무리 알루미늄 냄비와 팬을 금지하고, 알루미늄 캔을 내다버리고, 발한 억제제의 뚜껑을 덮어버린다 해도, 어디에나 널린 그 금속은 사람들이 먹는 음식, 마시는 물, 그리고 때로는 심지어 숨 쉬는 공기에도 여전히 남아 있을 것이다.

* 알루미늄은 지구의 지각을 구성하는 원소 중 하나로, 산소와 규소 다음으로 많다.

“모든 사람이 노출되어온 터라 그것을 연구하기가 매우 어렵습니다.” 탬파에 위치한 사우스플로리다대학교의 전염병학자인 에이미 보렌스타인(Amy Borenstein)은 말한다. 그의 1990년 환자 대조군 연구는 《임상전염병학회지(Journal of Clinical Epidemiology)》에 보고되었는데, 알루미늄 함유 제품과 알츠하이머병 사이에 아무런 연관성도 찾아내지 못했다. “그게 실제 어떤 역할을 한다 해도 무시해도 될 수준입니다.”

시카고 알츠하이머협회 의료과학 분과의 윌리엄 티에스(William Thies)는 발한 억제제가 알츠하이머를 유발할 수 있다는 생각을 오래된 낭설로 여긴다. "알츠하이머에 따른 뇌 변화 중 한 가지는 축소 증상입니다." 그는 말한다. "뇌에 일정량의 알루미늄이 축적되어 있는데 뇌가 줄어드니까, 자연히 농도가 더 높게 나타나는 겁니다."

일부에서는 발한 억제제가 암과도 관련이 있다고 하는데, 이러한 의심은 여성들이 유방조영술 전에 듣는 지침에서 나온 것이 아닐까 싶다. 그 지침이란 엑스레이 사진상 혼동을 방지하기 위해 발한 억제제, 데오도란트, 파우더와 로션을 피하라는 것이다. 그것이 암과 개인 미용 및 위생 용품 사이에 관계가 있다는 착각을 낳았을지도 모른다.

1990년대에 발한 억제제가 유방암을 유발한다고 경고하는 익명의 이메일 체인레터가* 나돌면서 불안은 더욱 확산되었다. 애틀랜타에 있는 미국암학회의 테드 갠슬러(Ted Gansler)는 지난 7년간 이 체인레터 때문에 수천 통의 전화와 이메일을 받았다고 한다.

* 행운의 편지처럼, 수신자로 하여금 같은 내용을 여러 사람에게 보내게 하는 편지.

그 레터에 따르면, 땀을 억제하면 해로운 물질이 몸에 갇혀 암이 발생한다는 것이다. 그렇지만 땀은 대체로 전해질과 물로 이루어져 있으므로 땀을 흘리는 것은 불필요한 화합물을 제거하는 데 중요한 기전이 아니라고, 갠슬러는 설명한다. 소변과 대변에서 더 흔히 제거된다. "그 발한 억제제 이메일을 전달한 사람 수만큼 친구나 친척에게 40세부터 매년 유방조영술을 받으라고 닦달하는 사람들이 많으면 참 좋겠습니다." 그는 말한다. "그러면 훨씬 많은 생명을 살릴 수 있을 테니까요."

독소가 겨드랑이를 통해 체내로 들어가서 림프샘으로 옮겨 간 후 유방으로 이동한다는 것은 생물학보다 지리학적인 학설로 보인다. "발한 억제제가 어찌어찌 위로 올라가 림프샘을 타고 또 어찌어찌 유방으로 간다고 생각하게 된 이유는 잘 모르겠습니다." 미네소타 주 로체스터에 있는 메이오클리닉 종양내과의 티모시 모이너핸(Timothy Moynihan)은 말한다. "서로 위치상 가깝다는 사실을 제외하면 말이 안 되는 소리죠."

결국 산책이나 운동을 할 때 겨드랑이가 땀으로 젖느냐 마느냐보다는 운동 같은 생활양식 변화가 더 중요하다는 말이다. 모이너핸은 이렇게 덧붙인다. "겨드랑이 발한 억제제에 관해 그렇게 걱정하면서 막상 담배는 끊지 않죠."

5-9 항균 제품은 이점보다 해로운 점이 더 많다

코코 밸런타인

결핵, 식중독, 콜레라, 폐렴, 패혈성 인두염, 뇌수막염. 이들은 박테리아가 유발하는 고약한 병들 중 일부일 뿐이다. (집과 신체를 모두 깨끗이 유지하는) 청결은 박테리아 감염의 위험을 낮추는 가장 좋은 방법에 속한다. 그렇지만 최근에는 어쩐지 일반적인 비누로만 씻어서는 불충분하다는 이야기가 자주 들려온다. 항균 제품은 유례없는 인기를 자랑한다. 목욕비누, 가정용 세제, 스펀지, 심지어 매트리스와 립글로스도 이제는 살균 성분을 함유하고, 과학자들은 이런 화학물질이 건강한 사람들의 일상에서 어떤 지위를 (차지한다면) 차지하는지를 묻는다.

전통적으로 사람들은 신체와 집의 세균을 비누와 뜨거운 물, 알코올, 염소 표백제나 과산화수소로 씻어냈다. 이들 물질은 비특이적으로(nonspecifically) 작용하는데, 특정한 종류를 콕 집어서 공격하는 것이 아니라 눈에 보이는 거의 모든 유형의 미생물(곰팡이, 세균, 일부 바이러스)을 싹쓸이한다는 뜻이다.

비누의 작용 원리는 표면에 들러붙은 먼지와 기름기와 미생물을 느슨하게 만들어 물에 쉽게 쓸려가게 만드는 것인 데 비해, 알코올 같은 일반적인 세제는 핵심 구조를 파괴하여 세포에 전반적인 손상을 일으킨 후 증발한다. "그들은 맡은 임무를 다하고 신속히 환경으로 분해됩니다." 터프츠의과대학교의 생물학자 스튜어트 레비(Stuart Levy)의 설명이다.

이런 종래의 세제와 달리 항균 제품은 표면에 잔여물을 남김으로써 내성균이 발달할 환경을 만들 수 있다고, 레비는 지적한다. 예컨대 부엌 조리대에 항균 세제를 뿌리고 닦아낸 후에도 활성 화학물질(active chemicals)은 계속 남아서 세균을 죽이지만, 반드시 모든 세균을 죽이는 것은 아니다.

한 세균 집단이 (항균 화학물질 같은) 스트레스 요인에 노출되면 특별한 방어기전으로 무장한 작은 부차 집단이 발달할 수 있다. 더 약한 친척이 소멸할 때 이 혈통은 남아서 번식한다. "죽지만 않으면 더욱 강해질 것이다"라는 말처럼, 박테리아를 없애기 위한 항균 화학물질이 오히려 박테리아를 강화할 수도 있다.

세균은 이런 화합물에 대한 내성뿐만 아니라 특정 항생물질에 대한 내성도 발달시킬 수 있다. 교차 내성(cross-resistance)이라고 하는 이러한 현상은 항균 손 세정제와 주방 세제 비롯한 세정 제품에서 가장 흔히 쓰이는 트리클로산(triclosan)을 이용한 몇몇 실험실 실험에서 이미 입증된 바 있다. "트리클로산은 일부 항생제와 비슷하게, 특정 표적 세균을 억제하는 효과가 있습니다." 미시간대학교 공중보건대학원의 전염병학자 앨리슨 아이엘로(Allison Aiello)는 말한다.

세균이 트리클로산에 오랜 기간 노출되면 유전자 돌연변이가 발생할 수 있다. 그러면 그 세균은 결핵을 치유하는 데 이용되는 항생제인 이소니아지드(isoniazid)에 대한 내성을 얻는 한편, 다른 미생물은 (몇몇 유형의 항생물질을 뱉어낼 수 있는 세포막의 단백질 기계인) 유출 펌프(efflux pump)를 과급(過給)할 수 있다고, 아이엘로는 설명한다. 이런 효과는 가정이나 다른 실제 환경이 아니라 오로지 실험실에서만 나타났지만, 아이엘로는 가정에 대한 연구가 충분하지 않은 것이 문제라고 믿는다. "내성 종이 출현하려면 시간이 오래 걸릴 가능성이 높고 (…) 가능성은 존재합니다." 그는 말한다.

세균 군집에서 약물 내성 세균이 출현할 가능성 이외에도, 과학자들은 항균 화합물에 관해 다른 우려를 품고 있다. 트리클로산과 근친격 화합물인 (역시 항균제로 널리 쓰이는) 트리클로카반(triclocarban)은 둘 다 60퍼센트에 이르는 미국의 개천과 강에서 검출된다고, 존스홉킨스 블룸버그공중보건대학 산하 수질건강연구소의 공동 창립자인 환경과학자 롤프 할든(Rolf Halden)은 말한다. 두 화학물질 모두 처리 공장에서 효과적으로 제거되지만 그 후 지자체의 폐기물장에 모여 곡식용 비료로 이용되므로 우리가 먹는 음식을 오염시킬 가능성이 있다고, 할든은 설명한다. "농토에서 그 검출도가 매우 높으며, 거기에 하수구의 병원균까지 더해지면 우리 환경에서 항미생물성 내성을 키우는 레시피가 될 수 있음을 깨달아야 합니다." 그는 말한다.

트리클로산은 또한 인간의 모유에서도 검출된다. 비록 아기에게 위험하다고 생각될 정도의 농도는 아니지만. 인간 혈장에서도 검출된다. 인체의 현재 트리클로산 농도가 해롭다는 것을 보여주는 증거는 없지만, 최근 연구 결과에 따르면 그것이 황소개구리와 생쥐에게서 내분비를 교란하는 듯하다.

더욱이 FDA가 소집한 전문가위원회는 항균제를 첨가한 소비자 제품이 그렇지 않은 비슷한 제품에 비해 더 유용하다는 증거가 불충분하다고 판단했다.

5-9

"우리에게는 이미 비누가 있는데, 이 물질은 가정에서 무슨 역할을 하는 걸까요?" 라스크루스에 있는 뉴멕시코주립대학교의 분자생물학자 존 구스타프슨(John Gustafson)은 묻는다. 그의 견해에 따르면, 이런 물질은 정말이지 건강한 사람들의 가정이 아니라 병원과 치료소에나 있어야 할 것이다.

물론 항균 제품은 쓰임새가 있다. 임신한 여성과 면역결핍증 환자를 비롯해 수백만 미국인은 약해진 면역 체계로 고통을 받고 있다고, 브리검영대학교의 전염병 전문가 유진 콜(Eugene Cole)은 지적한다. 이런 사람들은 가정에서 트리클로산처럼 특정한 세균을 표적으로 하는 항균 제품을 사용하는 것이 적절하다고, 그는 말한다.

그러나 장기적으로 좋은 위생이란 일반적으로 새롭고 항균 작용을 한다는 제품보다는 평범한 비누를 사용하는 것이라고, 전문가들은 입을 모은다. "병에 걸리지 않는 중요한 방법은 하루 세 차례 손을 씻고 점막을 건드리지 않는 겁니다." 구스타프슨은 말한다.

6

신체

6-1 해파리 쏘인 데 소변을 보면 덜 아프다

시애라 커틴

1997년 텔레비전 시트콤 〈프렌즈〉에서, 친구들이 다 함께 해변으로 트레킹을 갔을 때 모니카가 해파리에 쏘이고 말았다. 조이는 해파리에 쏘인 데 소변을 보면 통증 완화에 도움이 된다는 다큐멘터리 내용을 기억해냈고, 모니카는 그 요법으로 효과를 보았다. 그렇지만 불행히도 현실 세계에서 해파리에 쏘인 것을 소변으로 치료하려 했다가는 위안이 아니라 더 큰 고통을 겪을 수도 있다. 소변은 실제로 해파리의 침을 자극해 더 많은 독성을 분비하게 만든다. 이 치유법은 정말이지 허구다.

해파리, 메두사처럼 생긴 그 볼록한 생물은 전 세계의 많은 해변을 떠다닌다. 해파리의 일부 피부세포는 쏘는 세포, 다른 말로 자포(cnidocyte)이다. 이 특수화된 세포는 가시세포(nematocyst)라는, 독성을 가진 세포 기관이 있다. 자포는 해파리의 긴 촉수 전체에 퍼져 있다.

이 촉수들이 워낙 길다 보니 해수욕객은 해파리가 자신을 쏘는 것을 눈으로 못 볼 수도 있지만, 느낄 수는 있다. "고통은 즉각적입니다." 메릴랜드대학 의료센터의 피부과 전문의이자 그 학교의 해파리쏘임컨소시엄의 회원인 조지프 버넷(Joseph Burnett)은 말한다. 그 협회는 전 세계의 해파리에 의한 부상을 추적한다. 해파리에 쏘이면, 맹렬하고 붉고 채찍 같은 자극이 피부를 뒤집어놓는다. 통증은 쏘인 자리에서 방사상으로 퍼지며, 부어오르면서 가렵고

타는 듯하고 맥박 치는 듯한 통증이 시작된다. 그렇지만 긁으면 고통이 더 심해지는데, 가시세포가 자극을 받아 더 많은 독성을 분비하기 때문이다.

해파리에 쏘이면 아프지만 목숨에는 지장이 없다. 적어도 북아메리카에서는 그런 부상에 따른 고통이 24시간 이상 지속되지 않는데, 전형적으로 쏘인 후 5분이면 절정에 이르렀다가 몇 시간에 걸쳐 사라진다. "[그렇지만] 그건 어떤 해파리에 쏘이느냐에 따라 다릅니다." 버지니아대학교의 독물학자이자 응급의학과 교수인 크리스토퍼 홀스티지(Christopher Holstege)는 말한다.

하지만 그 24시간 동안은 해변에서 해볼 수 있는 아무런 치유 방법이 없기 때문에 불편할 수 있다. 버넷과 홀스티지 둘 다 쏘인 부위를 소금물로 헹구라고 권한다. 소금물에 헹구면 여전히 상처에 매달려 있는 성가신 가시세포가 잠잠해질 것이다.

민물에 씻으면 반대 효과가 난다. 자포는 안팎의 염분 농도 같은 용질 균형에서 변화가 일어나면 자극을 받아 쏘기 시작한다. 쏘인 곳에 민물이 닿으면 세포 밖의 염분이 희석되어, 용질의 균형이 어긋난다. 이 변화에 대한 반응으로 세포 안의 가시세포는 더 많은 독성을 분비해 더 큰 통증을 야기한다.

그렇다면 소변은 어떠냐고? 소변에는 염분과 전해질이 들어 있다. "그보다 나은 게 수두룩합니다." 홀스티지는 말한다. 그는 염분을 비롯해 소변에 함유된 화합물의 농도가 사람마다 다르다고 설명한다. 너무 묽을 경우는 민물과 비슷하게 침이 불타오르게 만들 수 있다.

그러나 도움이 될 수 있는 다른 용액과 화합물이 있다. 북아메리카에서는 대부분 식초, 또는 5퍼센트의 아세트산으로 통증을 완화할 수 있다. 유령해파리(*Cyanea capillata*)와 커튼원양해파리(*Chysaora quinquecirrha*) 같은 일부 종의 침에는 베이킹소다와 해수를 섞어 만든 반죽이 더 효과적이다.

물로 헹궈서 지독한 가시세포를 모두 불활성화하고 나서, 들러붙은 촉수 조각은 셰이빙 크림이나 해수와 모래를 섞은 혼합물로 감싼 다음 면도날 또는 신용카드로도 긁어낼 수 있다.

통증은 북아메리카 해파리라면 경구 진통제로 효과를 볼 수 있다. 그렇지만 오스트레일리아에는 (치명적인 상자해파리 같은) 더 독한 해파리가 있어서, 대다수 오스트레일리아 인명구조팀은 불운한 수영객을 위한 모르핀과 해독제를 갖추고 있다.

결국 해파리 침에 대한 가장 좋은 치유법은 소변이 아니라 시간이다. "소변은 약으로 쓸 수 없어요." 버넷은 말한다.

6-2 큰 키는 싱겁지 않고 중요하다

프랜 호손

키 작은 사람들은 그 구구절절한 슬픈 이야기를 너무 잘 안다. 그들이 키가 더 큰 동료에 비해 월급이 적다는 것은 수많은 연구 결과 입증된 사실이다. 그들은 승진 기회만 적은 것이 아니라 데이트 기회도 더 적다. 상관은 대체로 그들보다 키가 크다. 사실 미국 최고경영진의 절반 이상이 183센티미터 이상이다. 그리고 이 모든 우울한 이야기로도 모자라다는 듯, 이제 존스홉킨스대학교에서는 키의 혜택을 받은 미국인(특히 여성)은 치매를 겪을 위험이 낮다는 연구 결과까지 내놓았다.

그러니 어느 노래 가사처럼, 키 작은 사람들은 그냥 죽으면 되는 것인가? 아니면 이런 말들은 그냥 과장일 뿐인가?

키가 위대함의 전제조건인 것 같지는 않다. 나폴레옹 보나파르트와 루트비히 판 베토벤은 둘 다 170센티미터도 안 되었다. 마하트마 간디는 그보다 더 작았다. 그리고 성공한 배우와 음악가를 비롯한 창조적인 인물 가운데 키가 작았던 사람들의 목록은 길다. 작은 키의 기준은 18세 소년의 경우 145센티미터, 그리고 여성의 경우 142센티미터 이하다.

그렇지만 존스홉킨스 연구가 시사하듯이, 그 딱한 이야기들은 단순히 낭설이 아니다. 많은 부분이 과학적 연구의 지지를 받는다. 보통 설명은 아동기의 영양으로 거슬러 올라가는데, 특히 생애 첫 2년간이 중요하다고, 그 연구의 지도 저자인 터프츠대학교 노화영양연구센터(Jean Mayer USDA Human Nutrition Research Center on Aging)의 티나 황(Tina Huang)은 말한다. 적절한 음식을 공급받지 못하면 뇌도 신체도 제대로 발달하지 못한다.

《신경학(Neurology)》에 발표된 황의 연구는 1992~1999년 미국의 도시 네 곳에서 1,145명의 남성과 1,653명의 여성을 대상으로, 바닥에서 무릎까지의 높이와 (최대로 달성할 수 있는 키의 지표인) 팔 길이를 측정한 값을 인지 데이터와 비교 분석했다. 연구자들은 무릎 높이가 2.5센티미터 증가할 때마다 치매가 발달할 위험이 여성에게서는 16퍼센트(그리고 특히 알츠하이머는 22퍼센트) 줄어든다는 것을 발견했다. 팔 길이가 2.5센티 증가할 때마다 그 수치는 각각 7퍼센트와 10퍼센트였다. 남자들은 그 수치가 더 낮긴 하지만 비슷한 이점을 보여주었다. 황은 성차가 나타나는 이유를 확신하지 못한다고 인정하지만, "어쩌면 남자와 여자의 최적 식단에 차이가 있을지도 모릅니다"라고 고찰한다.

그 연구 결과에서는 또한 팔 길이가 더 긴 참가자가 "더 긴 교육 기간과 건강에 대한 더 높은 만족도"를 누린다는 것이 발견되었고, 특히 여성의 경우는 다시금 초기 아동기 영양이 더 높은 수입과 연관된다고, 황은 말한다.

키가 작은 사람들의 기분을 더 낫(!)게 해줄 과학적 읽을거리는 더 많다. 피츠버그대학교의 두 교수가 1990년에 발표한 고전적 연구 결과에 따르면, 예컨대 경영진에 속한 사람들은 아랫사람에 비해 키가 '상당히' 더 컸다. 두 후보의 키가 알려진 46회의 미국 대통령 선거에서, 키가 더 큰 후보의 당선 횟

수는 27회였다. 그리고 185센티미터의 버락 오바마가 170센티미터의 존 매케인을 무찌르면서 그 패턴은 반복되었다.

심지어 뒤늦은 성장 스퍼트도 도움이 되지 않는다. 2004년에 펜실베이니아의 경제학 교수 두 사람과 미시간대학교 앤아버캠퍼스의 또 다른 한 교수는, 1958~1965년에 출생한 미국과 영국의 남성 1만 명을 대상으로 나이에 따른 키와 봉급 데이터를 분석했다. 연구진은 회귀분석을 통해 두 성인이 키가 같을 경우 10대일 때 더 컸던 쪽이 더 많은 봉급을 받는다는 결과를 발견했다. 1인치(약 2.5센티미터)당 1.5~2퍼센트가량이었다.

이 연구에서 저자들 중 한 사람인 미시간대학교의 대니얼 실버맨(Daniel Silverman)은 영양을 탓하지 않는다. 그보다는 고등학교 클럽을 탓한다.

"이런 [키가 더 큰] 친구들이 10대 때 더 작은 아이들이 배제되는 사회적 활동에 접근할 기회를 누린다는 근거가 일부 있습니다. 거기서 사회적 기술을 습득하게 되지요." 실버맨은 교무처와 스포츠 팀과 졸업앨범 스태프의 말을 인용한다.

그렇다면 키 작은 사람들은 어떤 높은 희망도 품어서는 안 되는 것일까?

"생활 속 다양한 노력으로 치매와 알츠하이머의 위험을 줄일 수 있습니다. 건강 식단, 운동, 사회적 상호작용과 끊임없는 정신적 도전 같은 것들이죠. 키가 얼마든 상관없이요." 황은 말한다.

또한 키가 작은 사람들 중 일부는 '므두셀라 유전자'라는 희귀한 돌연변이 유전자를 가지고 있는데, 이것은 수명을 늘려주는 듯하다. 이 결함은 그들의 세포가 인슐린유사성장인자1(IGF1)을 이용하는 방식에 영향을 미친다. IGF1은 아동기 성장에 핵심 역할을 하는데, 논쟁적 측면은 그것이 운동선수와 항노화 옹호자에게서 근육을 키우고 예정된 세포사를 억제하며 체지방을 줄이는 기적의 치료약으로 갈구된다는 것이다.

그리고 1995년 이후로 키가 작은 여성들은 한 분야에서 의학적 이점을 가졌음이 밝혀졌다. 《뉴잉글랜드의학저널》에 발표된 한 연구에 따르면 "젊었을 때 키가 컸던 여성들이" 늙으면 "골반 골절의 위험이 더 크다." 어째서? 연구에서 말하듯 "아마도 더 높은 곳에서 넘어지기 때문인 듯하다."

6-3 포경수술은 HIV 감염을 예방하는 데 도움이 된다

바바라 준코사

남성의 포피(일부 문화에서는 없애지 못해 안달하는 그 보잘것없는 피부 덮개)는 HIV 예방에 관한 최근 논쟁에서 주목의 대상이었다. 이제 연구자들은 포피를 제거함으로써 이성애자 남성에게서 HIV 감염을 확실히 줄일 수 있다는 데 동의하지만, 동성애자 남성에 대한 그림은 약간 흐릿하다.

1980년대 후반 아프리카에서 이성애자 남성들을 관찰한 결과, 포경수술을 받은 남자는 포피를 그대로 둔 남자에 비해 HIV에 감염될 위험이 더 낮아 보였다. 연구진은 그 가설을 확실히 검증하기 위해 포경수술 비율이 낮은, 위험에 처한 인구를 대상으로 임상 실험을 실시했다.

두 연구는 케냐와 남아프리카의 (18~24세의) 젊은 도시 남성에게 초점을 맞춘 반면, 세 번째 연구는 더 폭넓게 우간다의 (15~49세의) 시골 남성에 초점을 맞추었다. 1만 1,000명 이상이 그 실험에 자원해서, 한 집단은 등록할 때 포경수술을 받았고 대조군은 그 연구가 끝날 때까지 수술을 미뤘다.

양쪽 군에서 새로운 감염을 추적한 연구자들은 그 수술로 HIV 감염률이 55~65퍼센트까지 떨어졌음을 발견했다. 사실은 포경수술의 보호 효과가 워낙 뛰어났으므로 세 가지 실험 모두 도중에 중단되었다.

"그 실험들이 무척 다른 배경에서도 일관적인 결과를 낸 것은 충격적이었습니다." 우간다 실험을 이끈, 볼티모어에 있는 존스홉킨스 블룸버그공중보건대학의 전염병학자 로널드 그레이(Ronald Gray)는 말한다. "이것은 콘돔 사용 다음으로 가장 효과가 좋은 보호책이었습니다." 테네시 주 내슈빌의 밴더빌트 대학교 산하 글로벌헬스재단의 수장인 스텐 버먼드(Sten Vermund)는 말한다. 그렇지만 질문은 남는다. 어째서일까?

포경의 이점을 이해하기 위한 중요한 실마리는 현미경으로 포피를 검사했을 때 나타났다. 보통 피부는 케라틴(모발과 손톱에도 들어 있는 질긴 구조단백질)으로 된 두터운 보호벽을 제공한다. 그렇지만 포피의 안쪽 표면 케라틴 층은 그보다 훨씬 얇아서, 손바닥보다는 입의 안쪽 벽이나 눈꺼풀과 비슷하다.

포경수술을 받지 않은 남자들에게서 랑게르한스 세포(Langerhans cell, HIV 감염의 주된 타깃인 면역세포)는 "포피의 표면 근처에서 훨씬 밀도가 높습니다"라고, 메릴랜드 주 베세즈다의 미국국립보건원 산하 알레르기전염병센터 소장인 앤서니 파우치(Anthony Fauci)는 말한다. 케라틴 벽이 없으면 포피의 그 세포에 HIV가 쉽사리 접근할 수 있다. 감염된 랑게르한스 세포는 단순히 바이러스 복제를 위한 보호구역 역할만 하는 게 아니라, HIV가 다른 면역세포로 퍼질 수 있게 근처 림프샘으로 바이러스를 전달하기도 한다.

사실 포피의 해부학적 기능은 실제로 그 위험을 증폭시킨다. 포피는 포경수술을 하지 않은 남성들의 음경 끝을 덮어 보호하는데, 그러면 역설적으로 그곳 피부가 더 섬세해져서 미세한 찰과상을 더 쉽게 입는다. 파우치의 말에 따르면, 이런 작은 상처는 염증을 촉진하여 바이러스가 타깃인 면역세포에 더 가까이 접촉하게 만든다. 포피 밑의 그 습한 환경 또한 음경 끝 병원균의 성장을 촉진하여 피부 표면 근처의 면역 반응을 더욱 자극한다고, 파우치는 덧붙인다.

아무리 양보해 말해도, 버먼드에 따르면, 포피는 보호 장구 없이 성교를 한 후 감염성 액체를 가둬두어 바이러스와의 접촉 시간을 증가시킨다.

이처럼 이성애자 남성에게 포경수술이 미치는 효과는 잘 문서화되어 있지만, 포피 제거가 동성애자 남성에게 하는 역할은 아직 불분명하다. 지금껏 포경수술이 그들에게 보호 효과가 있는지를 평가하기 위한 임상 실험은 한 번도 이루어지지 않았다. 그렇지만 연구자들은 최근 보호 효과의 증거를 확인하기 위해 미국, 유럽, 그리고 몇몇 개발도상국에서 5만 3,000명의 동성애자 남성을 대상으로 수행된 15건의 관찰 연구 결과에 대한 메타분석을 실시했다.

수학적 분석 결과 연구 전반적으로 포경수술을 받은 동성애자 남성에게서 HIV 위험이 14퍼센트 줄어든 것으로 나타났지만, "그 결과는 포경수술이 남성과 성교를 하는 남성에게서 HIV 감염에 대한 실질적 효과가 없을 가능성을 제시하기 때문에 통계적으로 유의미하지 않습니다." 애틀랜타 소재 미국 질병통제예방센터의 행동과학자이자 연구 저자인 그레고리오 밀레트(Gregorio Millett)는 말한다.

동성애 인구에 대한 포경수술의 효과를 평가하기 어려운 이유는 대다수 연구가 성적 습관을 주의 깊게 평가하지 않기 때문이라고, 그레이는 지적한다. 비록 포피 제거는 (이성애자 남성에게 혜택을 주는 것과 동일한 방식으로) 항문 성교를 하는 남성을 보호해주지만, "포경수술은 직장 부근이 HIV에 노출될 때

수용자인 남성을 전혀 보호하지 못합니다"라고 버먼드는 말한다. 특히 동성애자 남성의 다양한 하위 집단을 대상으로 포경수술의 효과를 구체적으로 조사하도록 설계된 연구들로부터 더 많은 데이터가 취합되기 전까지, 그 문제는 해결되지 않을 가능성이 높다.

현재로서 스위스 제네바의 WHO는 감염률이 높은 국가들에게 대규모 포경수술 캠페인을 벌일 것을 권고한다. WHO는 (주로 이성 간 성교로 HIV가 전파되는) 사하라 이남 아프리카에서 앞으로 20년간 최고 570만 명이 새로 감염되고 300만 명이 사망할 것으로 예측하면서, 포경수술이 그 바이러스의 피해를 극적으로 낮춰줄 것으로 전망하고 있다.

그러나 파우치는 미국에서 유아 포경수술이 이미 흔하게 이루어지고 있긴 하지만, 그것이 의무화되리라고 내다보지는 않는다. "비록 포경수술에 이점이 있긴 하지만, HIV는 미국에서 일반 대중의 병이 아닙니다." 그는 말한다.

포경수술의 보호 효과에도 불구하고 "그 모든 내부 포피를 제거할 외과적 방법은 없기" 때문에 콘돔은 여전히 HIV 예방의 필수 요건이라고, 오스트레일리아 멜버른대학교의 생식생물학자인 로저 쇼트(Roger Short)는 주의를 준다.

사회적이거나 종교적인 이유로 포경수술에 반감을 가진 남성들은 앞으로 그 대신 이용할 수 있는 방법을 찾을 것이다. 최근 제시된 대안은 에스트로겐 크림인데, 그것이 포피의 케라틴이 급속히 생성되도록 자극하기 때문이다. 만약 케라틴이 피부를 랑게르한스 세포의 보호벽이 될 정도로 강하게 만들 수 있다면, 에스트로겐을 국소에 일주일에 한 번씩 바름으로써 피부를 강화하거나 심지어 포경수술의 필요성을 없앨 수 있으리라는 것이 쇼트의 견해다. 그러나 아직까지 연구자들은 회의적이다. 에스트로겐은 표적 세포 표면의 HIV 수용체 수를 증가시킬 수도 있기 때문이다.

핵심은 다음과 같다. 포경수술은 성교를 통한 HIV 감염에서 이성애자 남성을 보호하며, 포경수술의 가장 큰 수혜자는 HIV 감염으로 가장 심한 타격을 받고 있는 개발도상국이다.

6-4 와이어 브라는 암을 유발할 수 있다

S. M. 크레이머

와이어 브라는 가슴을 받쳐주고 모아준다. 그렇지만 와이어 브라가 암을 유발할 수도 있을까? 여성의 신체를 지지하려고 설계된 바로 그 의류가 실제로는 여성의 목숨을 위협하고 있는 것일까? 수십 년간 나돈 루머는 그렇다.

그 모든 이야기는 1995년에 《아름다움이 여자를 공격한다(Dressed to Kill)》라는 책과 더불어 시작되었다. 그 책을 함께 쓴 부부 인류학자 시드니 로스 싱어(Sydney Ross Singer)와 소마 그리스마이어(Soma Grismaijer)는, 딱 붙는 브라를 하루 24시간 매일 착용하는 여성은 자연스럽게 사는 여성에 비해 유방암에 걸릴 위험이 훨씬 높다고 주장했다. 브라가 림프액의 배출을 억제하여 유방 조직에 독소를 가두면 암이 유발된다는 것이다.

그러나 비판자들에 따르면, 브라의 유방암 유발설을 뒷받침할 만한 근거가 불충분하다고 한다. 과학자들은 싱어와 그리스마이어의 연구가 이미 알려져 있는 일부 여성들의 유방암 위험 요인 같은 난감한 변수를 배제하지 못했다고 말한다. 따라서 브라를 입는 것과 유방암 사이의 상호관계에 대한 개념은 믿음직해 보이지 않는다.

"무엇이 유방암의 위험을 높이느냐 하는 관점에서 보면 그건 정말이지 논리적이지 못합니다." 미국 국립암연구소의 호르몬-생식역학 실장인 루이즈 브린튼(Louise Brinton)은 말한다. 그 분야에서 30년간 연구를 해온 브린튼은,

흔히 인정받는 유방암 위험 요인은 일반적으로 내생(內生) 호르몬 수치에 영향을 미치는 것이라고 한다.

이런 위험 요인에는 여성의 나이와 첫 출산 시기가 포함된다. (아이를 낳지 않거나 30세 이후에 출산한 여성은 위험이 더 커진다.) 모유 수유와 운동은 위험을 낮추고, 가족력은 위험을 높이는 것으로 여겨진다. 과학자들은 또한 유방암의 5~10퍼센트는 BRCA1과 BRCA2 유전자 돌연변이와 관련이 있음을 알고 있다.

마리사 와이스(Marisa Weiss)는 이런 낭설이 꾸준히 도는 한 가지 이유로 유방암에 대한 공포를 지적한다. 그 분야에 20년간 몸담아왔고 지금은 펜실베이니아 주 나베스에 기반을 둔 비영리 웹사이트 브레스트캔서(breastcancer.org)를 만들고 운영하는 와이스는, 여성들이 매일의 삶에서 무엇이 유방암을 유발하는가를 알아내려고 애쓰는 것을 목격해왔다.

와이스는 비록 "체액을 가두어 독성 액체에 유방 조직을 절이는" 쇠창살로 된 새장에 가슴을 가둔다는 생각이 암 발생에 대한 합리적 설명인 것처럼 들리지만, 실은 그렇지 않다고 말한다. 사실 그가 지적하듯이, 체액은 실제로 아래로 와이어 쪽이 아니라 겨드랑이 위와 밖으로 이동하므로 가둔다는 것은 어불성설이다.

캘리포니아 주 퍼시픽팰리세이즈의 '수전 러브 박사 연구소' 소장인 수전 러브(Susan Love)는 전직 유방암 외과의이자 베스트셀러 《수전 러브 박사의 유방 책(Dr. Susan Love's Breast Book)》의 저자이기도 하다. 러브는 무엇이 유방암을 유발하는지 모른다는 좌절에, 그 병이 무언가 여성이 통제할 수 없는 외부 요인에서 비롯되어야 한다는 희망이 더해져 브라 낭설을 낳았다는 데 동의한다.

“피임약과 호르몬 대체요법과 불임치료 약물의 위험에 관한 걱정은 피하고 싶은 것 같아요.” 그는 말한다. “그 대신 살충제, 브라와 데오도란트에 관해 걱정하고 싶어하죠. 우리는 무엇이 유방암을 유발하는지 모르고, 우리가 아는 위험 요인의 대부분은 발암의 이유를 설명해주지 못합니다. 그렇지만 저는 브라, 또는 브라를 안 하는 것이 숨겨진 답이라고는 생각지 않아요.”

6-5 휴대전화는 뇌종양을 유발할 수 있다

멜린다 웨너

2008년 피츠버그대학교 암연구소 소장인 로널드 허버먼(Ronald Herberman)은 휴대전화 방사선에 대한 '노출을 줄여야 한다는 증거의 증가'를 바탕으로, 휴대전화 사용을 줄이고 핸즈프리 도구를 사용하도록 경고하는 메모를 직원들에게 보냈다. 가능한 결과 중에는 뇌암의 위험 증가 등이 있었다.

5개월 후 국립암연구소(NCI)의 한 고위직 임원은 의회 의원단에게, 공개된 과학적 데이터에 따르면 휴대전화는 안전하다고 말했다.

그렇다면 답은 뭘까? 휴대전화는 암을 유발하는가, 아닌가?

누구에게 묻느냐에 따라 답은 엇갈린다. 휴대전화의 안전성을 확인하기 위한 하원의 국내정책소위원회를 앞두고 열린 청문회에서, 허버먼과 NCI의 역학 및 생물통계학 프로그램의 수장인 로버트 후버(Robert Hoover)를 비롯한 보건 관료들은 격론을 벌였다.

"무선 주파를 수신하고 방출하는 휴대전화를 오래 자주 사용하는 것은 뇌종양 위험 증가와 관련될 수 있습니다." 허버먼은 입법가들에게 말했다. "저는 '나중에 후회하는 것보다 미리 조심하는 편이 낫다'라는 해묵은 격언이 이 상황에 무척 적합하다고 생각합니다."

반면 후버는 그 널리 퍼진 기술이 안전하다는 견해를 고수하면서 "그것이 신체에 미치는 영향은 유전적 손상을 유발하기에 불충분해 보입니다"라고 증언했다.

논쟁이 어찌나 가열되었는지, 그 청문회를 소집한 하원의원 데니스 쿠시니치(민주당, 오하이오)는 토론 중간에 뉴욕주립대학교 올버니캠퍼스의 보건환경연구소 소장인 데이비드 카펜터(David Carpenter)의 말을 끊고 후버를 질책했다. 카펜터는 잠재적 해악에 대한 더 많은 조사와 정부의 경고를 합리화할 증거가 충분하다고 주장하고 있었다.

휴대전화는 비전리방사선(non-ionizing radiation)을* 이용하는데, 엑스레이와 방사성물질의 전리방사선(ionizing radiation)과 다른 점은 그것이 원자의 전자나 입자를 전리할 에너지를 충분히 갖지 않는다는 것이다. 휴대전화 방사선은 음식을 데우거나 익히는 데 이용되는 전자레인지의 그것과 동일한 비전리 무선 주파수에 해당된다. 그렇지만 캘리포니아대학교 로스앤젤레스캠퍼스 공중보건대학원의 전염병학 석좌교수인 요른 올슨(Jorn Olsen)은, 전자레인지와 달리 휴대전화는 암을 유발할 정도로 DNA나 유전물질을 손상시키는 강한 방사선이나 에너지를 방출하지 않는다고 말한다.

*물질을 전리(電離), 즉 이온화하지 않는 방사선.

그러나 최근 연구에 따르면, 비록 단기적 노출은 무해하더라도 장기적으로 휴대전화를 이용하는 것은 다른 이야기일 수 있다. 1999년 이후의 세 연구에 따르면, 10년 이상 휴대전화를 이용해온 사람들은 휴대전화를 가장 자주 갖다 댄 쪽 머리에 뇌종양이 발달할 위험이 세 배나 더 높았다. 적어도 휴대전화를 대는 쪽 귀를 정기적으로 바꾸거나, 잡담을 할 때 이어폰이나 스피커폰을 이용하면 나을 듯하다.

"휴대전화를 10년 이상 써왔고 휴대전화를 이용한 쪽에 종양이 발달한 사람들을 보면 연관성이 있는 듯합니다." 영국 노팅엄대학교의 물리학과 명예교수이자 이동통신건강연구프로그램의 전직 의장인 로리 찰리스(Lawrie Challis)는 사이언티픽아메리칸닷컴에 말했다.

프랑스 리옹의 WHO 산하 국제암연구소(International Agency for Research on Cancer, IARC)에 따르면, 전 세계적으로 연평균 뇌종양 발생 건수는 남자의 경우 2만 9,000명 중 한 명, 여자는 3만 8,000명 중 한 명인데, 선진국 국민은 그 진단을 받을 확률이 개발도상국의 두 배다. 만약 휴대전화 이용이 실제로 암에 걸릴 확률을 세 배로 높인다면, 이런 수치를 바탕으로 60년간 남성 한 명이 휴대전화 사용으로 뇌종양에 걸릴 위험은 0.206퍼센트에서 0.621퍼센트로 증가하며, 여성은 0.156퍼센트에서 0.468퍼센트로 증가한다.

IARC는 2000년에 유럽연합(EU)과 국제암예방연합(International Union against Cancer)을 비롯한 국가 및 지역 재원단체의 기금을 받아 인터폰(Interphone)이라는 연구를 시작했다. 인터폰은 뇌종양 환자들이 건강한 사람들보다 휴대전화를 더 많이 사용했는지를 확인하기 위해, 13개 선진국(오스트레일리아, 캐나다, 덴마크, 핀란드, 프랑스, 독일, 이스라엘, 이탈리아, 일본, 뉴질랜드, 노르웨이, 스웨덴, 영국)의 뇌종양 환자 6,420명을 대상으로 조사한 휴대전화 이용 실태를 건강한 인구 7,658명의 그것과 비교했다. 연관 관계가 드러난다면 휴대전화의 종양 유발 효과를 밝힐 수 있을 터였다.

연구 결과는 휴대전화 이용자에게서 뇌종양의 위험이 전혀 증가하지 않았다고 나왔다. "결과에 영향을 미칠 수 있는 잠재적 편향이 수두룩하기 때문에, 그 결과는 간단히 해석할 수 없습니다." 바르셀로나 생의학연구단지(Barcelona Biomedical Research Park)의 환경역학연구소(Center for Research in Environmental Epidemiology) 교수로 그 프로젝트를 이끈 엘리자베스 카디스(Elisabeth Cardis)는 말한다. "이런 분석은 복잡하고, 불행히도 시간이 많이 걸립니다." 그 결과를 왜곡했을 법한 요인으로 피험자, 특히 뇌종양 환자를 들 수 있다. 그들은 자신들이 휴대전화를 얼마나 오래, 그리고 자주 이용하는지 정확히 제시하지 못했다.

미국 질병통제예방센터에 따르면, 발암 요인에 처음 노출된 후 질환이 임상적으로 인지되기까지 걸리는 기간은 평균 15~20년 또는 그 이상이다. 그리고 미국에서 휴대전화 사용이 대중화된 것은 겨우 10년 남짓이다. (워싱턴 D. C. 소재 무선통신 산업협회인 CTIA무선통신협회에 따르면, 1996년 미국의 휴대전화 이용자 수는 2008년 현재 2억 명에 비해 3,400만 명에 불과했다.)

카펜터는 의회 의원단에게, 대부분의 연구 결과는 1990년대 초반부터 휴대전화가 매우 대중적이던 스칸디나비아에서 위험이 증가했음을 나타냈다고 말했다. 그리고 허버먼은 휴대전화가 안전하다는 것을 보여주는 연구의 대부분이 10년 미만 사용자에 대한 조사를 바탕으로 한다고 덧붙였다.

비록 인간 연구는 부족하지만, 휴대전화 방사선이 동물과 세포 및 DNA에 어떻게 영향을 미치는가를 판단하기 위해 1970년대 초반 이래 400건 이상의 실험이 진행되었다. 그 연구들 또한 모순되는 결과를 내놓았다. 휴대전화 방사선이 DNA 그리고(또는) 신경세포에 손상을 입힌다는 실험 결과가 있는가 하면, 그렇지 않다는 결과도 있다. 카펜터는 청문회에서, 휴대전화가 뇌에서 유리기라는 활성산소의 생산을 증가시킬 가능성을 제시했다. 그것은 DNA와 상호작용하여 DNA 손상을 초래할 수 있다.

NCI의 전문가인 후버의 말에 따르면, 이처럼 결과가 서로 대립하는 것은 연구의 질이 떨어진다는 신호일 수 있다. 그렇지만 1990년대에 캘리포니아 로마린다에 있는 미국 보훈부의 페티스메모리얼의료센터(Pettis VA Medical Center)에서 휴대전화 연구를 수행한 생화학자 제리 필립스(Jerry Phillips)는, 대립되는 결과는 검사되는 방사선의 본질을 감안할 때 그럴 만하다고 믿는다.

필립스는 가령 신체는 해로운 효과를 고치도록 설계된 일련의 고유한 보수 기전을 가동함으로써 방사선에 반응할 수 있다고 말한다. 다시 말해 방사선 노출에 의한 영향은 사람마다 다를 수 있다는 것이다. 그리고 이들 다양한 반응은 대립하는 결과를 설명하는 데 도움이 될 수 있다고, 이제는 콜로라도스프링스의 콜로라도대학교 과학/건강과학 학습연구소(Science/Health Science Learning Center)에서 소장으로 있는 필립스는 말한다.

휴대전화 사용과 암 발생의 연결 고리를 주장하는 일화적 증거는 수두룩하다. 로스앤젤레스에 있는 세다스시나이의료센터(Cedars-Sinai Medical Center)의 신경외과 과장인 키스 블랙(Keith Black)은, O. J. 심슨의 변호사인 조니 코크런의 목숨을 앗아간 뇌암(악성 뇌교종)이 잦은 휴대전화 이용의 결과였다고 말한다. 종양이 그가 휴대전화를 사용한 머리 쪽에 발달했다는 사실을 그 근거로 내세운다. 그리고 매사추세츠 상원의원 에드워드 케네디가 뇌교종 진단을 받고 일주일이 지난 2008년 5월, (버몬트 주 마시필드의 비영리기구로, 전자기 방사선의 영향에 대한 연구를 지원하는) EMR정책연구소는 그의 종양을 심각한 휴대전화 이용과 결부시키는 성명을 발표했다. 그렇지만 NCI는 휴대전화가 암 위험을 증가시킨다는 명확한 증거는 하나도 없다고 주장한다.

다시 말해서 최종 판결은 아직 내려지지 않았다. "위험 가능성을 배제할 수는 없습니다." 노팅엄대학교의 찰리스는 말한다. "이 분야에 대한 연구는 아직 부족하고, 앞으로 더 많은 연구가 필요합니다."

6-6 엄지발가락이 없으면 못 걷는다

코리 빈스

베트남전 시기, 젊은 남자들은 징병을 피하기 위한 과격한 수단들을 떠올렸다. 국외로 도피하기, 천식 발작을 일으킨 척하기, 또는 엄지발가락에 총 쏘기. 흔히 하는 군대 이야기에 따르면, 신체 절단자는 행군이나 적의 포화를 피하기 위한 신속한 움직임이 불가능하다.

심지어 오늘날에도 미 육군은 아무리 열의를 보여도 엄지발가락이 없는 지원자는 입대시키지 않을 것이다. 미 국방부의 의학적 기준에 따르면 '한 발이나 그 일부가 현재 결여된' 모든 사람은 탈락된다. 그러나 의사들은 발가락이 한 개 모자라는 것은 사소한 장애로, 그 때문에 군인이나 달리기 선수나 일반 보행자가 넘어지는 일은 거의 없을 것이라고 생각한다.

"발가락이 잘렸다고 해서 두 번 다시 뛸 수 없다는 뜻은 아닙니다." 시카고 러시대학교 의료센터의 재활 전문의인 실라 듀건(Sheila Dugan)은 말한다. 실제로 남아프리카공화국의 단거리 육상선수인 오스카 피스토리오스는 발가락은 물론이고 무릎 아래로 뼈가 전혀 없는데도 탄소섬유 보철을 달고 2012년 런던올림픽 출전 허가를 받았다. 당연히 대다수 주자는 신체가 완전히 멀쩡할 때 가장 잘 달릴 수 있다고, 듀건은 말한다. 발과 그 모든 부분은 땅을 디딜 때의 강한 충격을 흡수하기에 충분히 튼튼하다. 모든 발가락 중 체중이 가장 많이 실리는 엄지발가락은 하중의 약 40퍼센트를 감당한다. 엄지발가락은 또한 발이 다음 번 걸음을 내딛기 전에 마지막으로 땅을 밀어내는 부분이기도 하다.

아홉 발가락으로 걷는 걸음은 덜 능률적이고 더 느리고 더 좁지만, 덜 효과적이지는 않다. "더 비틀거리는 것처럼 보일 겁니다." 듀건은 말한다. 비록 더 적은 발가락으로 달리는 데 익숙해지려면 시간이 좀 들겠지만, 보행 방식을 수정하고, 근육을 훈련하고, 없어진 발가락을 보상하기 위한 균형 연습을 할 수 있다.

미국정형외과족부족관절학회(American Orthopaedic Foot and Ankle Society)의 전직 회장인 로저 만(Roger Mann)이 《임상 정형외과 저널(Clinical Orthopaedics and Related Research)》에 발표한 연구 결과에 따르면, 기능적으로 보았을 때 엄지발가락을 절단하는 것은 장애를 거의 또는 전혀 유발하지 않는다. 만은 엄지발가락이 절단된 발의 둘째와 셋째 발가락의 피부가 약간 두꺼워지고 그쪽 신발이 더 닳는다는 것을 관찰했다.

그럼에도 엄지발가락 낭설은 걸음이 빠르다. 지독한 감염 증상으로 족부 전문 외과의인 로버트 리(Robert K. Lee)의 진료실을 찾는 환자들은, 발가락이 두꺼워지고 신발이 닳는 흔한 결과보다는 발가락이 없으면 결국 휠체어에 앉아야 하지 않을까 하는 걱정에 더 시달린다. 그의 환자들 대부분은 (미국에서 하지 절단의 첫 번째 원인인) 당뇨병 환자로, 안전을 확보하려면 감염된 발가락을 절단해야 한다. "그들의 가장 큰 공포는 다시는 못 걷게 된다는 겁니다." 캘리포니아대학교 로스앤젤레스캠퍼스의 전문가는 말한다.

발가락 수가 다른 환자들은 맞춤 제작 신발의 도움을 받아 불완전한 걸음에 적응하고 금세 다시 일어설 수 있다. "발가락을 몽땅 잘랐지만 걷는 데 아무런 지장이 없는 환자들이 있습니다." 리는 말한다. "걸음걸이에서 균형과 힘, 추진력을 좀 잃겠지만, 발가락 충전재를 갖춘 적절한 맞춤 제작 신발이 있으면 잘 걸을 수 있습니다." 리는 미관상 이유가 아니라면 발가락 보철을 권하지 않는다. (한 환자는 샌들처럼 발가락이 트인 신발을 신어도 사람들이 자신의 발을 보지 않도록 보철을 요청했다.)

엄지발가락 보철은 비록 불필요하긴 해도 꽤 오래전부터 있었다. 한 이집트 여성은 기원전 1000년경에 발가락 나무 보철을 갖췄다고, 뮌헨대학교의 병리학자 안드레아스 널리히(Andreas Nerlich)는 말한다. 2000년 《랜싯》에 묘사된 그 나무발가락은 세계에서 가장 오래된 사지 보철물이다. 바닥의 긁힌 자국을 보면 그 여성이 평생 그것을 달고 살았음을 알 수 있다고, 널리히는 말한다. 그리고 다른 초기 보철들과 달리, 그것은 내세를 준비하기 위해 끼워지지 않았다. 어쨌거나 그녀는 그것 없이도 얼마든지 잘 달릴 수 있었을 것이다.

6-7 스트레스가 머리카락을 희게 한다

코코 밸런타인

일설에 따르면, 마리 앙투아네트는 기요틴에 오르기 전날 밤에 머리가 하얗게 세었다고 한다. 다가오는 참수의 스트레스 때문에 머리카락 색이 몇 시간 만에 몽땅 빠졌다는 것이다. 과학자들은 그런 일이 일어날 가능성은 극도로 낮다고 말하지만, 좀 더 천천히 머리가 세는 과정에는 스트레스가 한몫할 수도 있다.

은빛 가닥이 처음 나타나는 나이는 남자의 경우 보통 30세, 여자는 35세경이다. 그렇지만 빠르면 고등학교 때부터, 늦으면 50대 때부터 시작되는 경우도 있다.

머리카락이 세는 과정은 모낭이라고 하는, 두피의 움푹 들어간 주머니에서 시작된다. 일반적으로 사람의 머리에는 이런 물방울 모양 주머니가 10만 개가량 있는데, 각 모낭에서 평생에 걸쳐 몇 개의 머리카락이 난다. 모낭 밑부분에는 머리카락을 자라게 하는 공장이 있고, 거기서 세포들은 서로 협력하여 색깔 있는 머리카락을 만든다. 케라틴세포(표피세포)는 머리카락을 밑에서부터 위쪽으로 만들어간다. 누적 과정과 착색 과정이 끝나면 주로 머리카락에 질감과 강도를 제공하는 무색 단백질인 케라틴이 남는다. (케라틴은 피부 바깥층인 손발톱과 동물의 발굽과 발톱, 심지어 코뿔소의 뿔을 구성하는 주성분이기도 하다.)

케라틴세포가 머리카락을 만들 때 이웃한 멜라닌세포는 멜라닌이라는 염료를 제조하는데, 그것은 멜라닌소체라는 작은 소포로 케라틴세포에 배달된다.

모발의 멜라닌은 두 가지 색으로 온다. (흑갈색 또는 흑색의) 유멜라닌(eumelanin)과 (노란색이나 붉은색의) 페오멜라닌(pheomelanin)이다. 그들은 다양한 비율로 조합되어 다양한 모발 색상을 만든다. 멜라닌을 대부분 잃은 머리카락은 회색, 전부 잃은 머리카락은 흰색이 된다.

한 주어진 시기에 활발한 성장 상태에 있는 모발은 전체 모발의 80~90퍼센트인데, 그 성장 상태는 2~7년 정도 지속된다. 이 시기의 마지막 단계에서는 모낭이 줄어들고, 케라틴세포와 멜라닌세포는 예정된 세포사를 겪는다. 그리고 모낭은 휴식 단계에 들어가고 모발은 빠진다.

새로운 머리카락을 만들기 시작하려면 모낭 공장이 재건축되어야 한다. 전구세포에서* 새로운 케라틴세포와 멜라닌세포가 모집되는데, '줄기세포'라고도 불리는 그들은 모낭 밑부분에 거주한다. 이유는 알 수 없지만 케라틴 줄기세포는 멜라닌 줄기세포보다 수명이 훨씬 길다고, 하버드의과대학교의 소아학과 교수인 데이비드 피셔(David Fisher)는 말한다. "염료의 손실을 야기하는 것은 [멜라닌] 줄기세포의 점차적인 소모입니다." 그는 설명한다.

*특정한 형태와 기능을 갖추기 전 단계의 세포.

스트레스는 이 멜라닌세포의 죽음을 가속화하는가? "그렇게 간단하지 않습니다." 피셔는 회색화 과정은 변수가 많은 방정식이라고 지적한다. 스트레스 호르몬은 멜라닌세포의 생존 그리고(또는) 활동성에 영향을 미칠지도 모르지만, 스트레스와 흰머리 사이의 명확한 연관 관계는 발견되지 않았다.

그러나 의심(과 가설들)은 널려 있다. "회색화는 상습적인 유리기 손상의 한 결과일 수 있습니다." 독일 뤼베크에 있는 슐레스비히홀슈타인의과대학교의 피부과학 교수인 랄프 파우스(Ralf Paus)는 말한다. 몸 전체나 (모낭의 세포들에 의해) 국부적으로 생성되는 스트레스 호르몬은 유리기(세포에 손상을 입히는 불안정한 분자들)의 생성을 촉발하는 염증을 유발할 수 있고, "이런 유리기가 멜라닌 생산에 영향을 미치거나 멜라닌의 표백을 유도할 가능성이 있습니다." 파우스의 설명이다.

"스트레스 호르몬의 국부적 발현이 멜라닌세포로 하여금 케라틴세포에게 멜라닌을 배달하라는 지시 신호를 내리게 만든다는 증거가 있습니다." 보스턴 소재 하버드의대 다나-파버(Dana-Farber) 암연구소에서 분자생물학 연구를 주도하는 피부학자 제니퍼 린(Jennifer Lin)은 지적한다. "짐작건대 그 신호가 교란되면, 멜라닌은 염료를 머리카락에 전달하지 못할 겁니다."

그리고 일반진료 의사들은 스트레스를 받는 환자에게서 회색화가 가속되는 현상을 관찰해왔다고, 볼티모어의 시나이병원 가정의학과 과장 타일러 사이멧(Tyler Cymet)은 말한다. 그는 시나이의 환자들을 대상으로 모발의 회색화에 관한 소규모 회고적 연구를 실시했다. "우리는 2~3년간 스트레스를 받은 사람들이 더 빨리 머리가 센다고 알리는 것을 보아왔습니다." 그는 말한다.

사이멧은 머리가 세는 것은 "유전적으로 정해져 있지만, 스트레스와 생활양식으로 그 시기가 5~10년 정도 당겨지거나 늦춰질 수 있다"고 짐작한다.

금발이 더 늦은 나이에 세는 것처럼 보이는 경우가 종종 있는데, 밝은색 머리털에서는 흰머리가 더 잘 숨겨지기 때문이다. 실제로는 머리카락 색이 가장 짙은 (아프리카와 동양계의) 사람들이 모발 색을 더 오래 유지하는 듯하다.

간단히 말해 과학자들은 스트레스가 회색화 과정을 앞당긴다는 실마리를 모으기 시작하고 있지만, 인과관계를 보여주는 과학적 증거는 아직 없다.

그럼 마리 앙투아네트에게는 무슨 일이 일어난 걸까? 적어도 세 가지 가능한 설명이 있다. 첫째, 염색된 모발을 공격해 빠지게 만드는 희귀한 자가면역 질환인 원형탈모증이 갑자기 시작되어 (염색되지 않은) 흰색 머리카락만 남겼다. 둘째, 그 상황의 스트레스 때문에 모낭에 유리기가 대거 생성되고 모발을 따라 이동해, 염료를 파괴하고 탈색 효과를 일으켰다. 셋째, 그냥 가발을 벗었을 수도 있다. 그래서 원래 회색이었던 머리카락이 드러난 것이다.

6-8 껌은 소화되는 데 7년이 걸린다

존 맷슨

누구나 한 번쯤 경험한 적이 있을 것이다. 껌을 기분 좋게 씹고 있는데 뜻밖의 상황이 닥쳐 재빨리 껌을 없애야 한다. 힘든 방식으로. 선생님이 입을 벌려보라고 했든, 쓰레기통이 보이지 않아서든, 갑자기 시작된 딸꾹질 때문이든 그 고무 같은 덩어리를 통째로 삼킨다. 그제야 어렸을 때 들었던 말이 머릿속에 메아리친다. "껌을 삼키지 마. 몸속에 7년은 남아 있을 거야!" 그 민트향 덩어리가 소화계의 깊은 곳으로 내려갈 때, 여러분은 궁금해진다. "진짜 앞으로 몇 년간 리글리(Wrigley)는* 내 몸속에 있을까?"

*껌 브랜드.

안심하시라. 그 기원을 알 수는 없지만 거의 수십 년 전부터 널리 알려져 있는 이 속설은 거의 근거가 없는 이야기다. 그 소문이 의학적으로 근거가 없느냐는 물음에 대해, 플로리다 주 올란도에 있는 느무어스아동병원(Nemours Children's Clinic)의 아동 위장병 전문의 데이비드 밀로프(David Milov)는 이렇게 대답한다. "완전히 확실하게 그렇다고 말씀드릴 수 있습니다."

만약 그 속설이 진짜였다면 "지난 7년간 껌을 삼킨 모든 사람의 위장관에 껌이 있을 겁니다"라고 밀로프는 말한다. 그렇지만 내시경이나 캡슐내시경 검사에서는 그런 증거가 전혀 나오지 않는다. "이따금 삼킨 껌 조각이 보일 수는 있습니다." 그는 말한다. "그렇지만 그건 보통 일주일이 안 된 겁니다."

듀크대학교 의과대학의 위장병 전문의 로저 리들(Roger Liddle)에 따르면

“무엇도 그렇게 오래 머무를 수는 없습니다. 너무 커서 위장에서 나올 수 없거나 내장에 갇히지 않는다면요.” 리들은 그 크기에 관해, 25센트 동전을 삼키면 보통 통과하지만 그보다 더 큰 동전이나 물체는 통과하지 못할 수도 있다고 말한다.

그렇다면 씹다가 삼킨 껌은 어떻게 되는가? 그다지 어떻게도 되지 않는다. 껌 성분 중 감미료 같은 일부는 분해되지만 베이스는 대체로 소화 불가능한 것들이다. FDA는 껌에 대해, 천연수지나 합성수지 또는 고무 같은 재료로 된 ‘영양가 없는 씹는 물질’인 껌 베이스에 가소성 연화제, 충전제, 산화방지제를 첨가한 것이라고 정의한다. 사용이 허가된 고무 중에는 중앙아메리카 토착민이 껌처럼 씹는 나무에서 추출한 천연 치클과, 덜 전통적으로는 자동차 타이어의 튜브를 만드는 데 쓰이는 부틸 고무도 있다.

물론 껌은 수천 년간 이런저런 형태로 존재해왔다. 중석기시대 유럽에서 잇자국이 있는 자작나무껍질 타르 덩어리가 발견되기도 했다. 그리고 2007년 여름, 연구자들은 씹는담배(quid, 고대 아메리카 원주민이 씹던 식물 재료의 뭉치)에서 약 2,000년 전 미국 남서부에 거주하던 ‘서부의 바스켓메이커(Western Basketmaker)’ 부족의 DNA가 검출되었다고 보고했다.

그리 놀랍지도 않겠지만, 인체는 이 고무 조합물을 가지고 많은 일을 할 수 없는데, 그 뛰어난 탄성력 때문이다. 씹는 껌은 “소화 과정에 매우 강한 저항력이 있습니다.” 밀로프는 말한다. “아마도 대다수 식품보다 더 느리게 통과할 테지만, 결국 위장관의 평소 움직임이 뭐랄까 그것을 억지로 밀어낼 테고 껌은 꽤 멀쩡한 상태로 나올 겁니다."

그렇지만 껌이 체내를 안전히 통과한다고 해서 습관적으로 껌을 삼키는 것이 현명하다는 뜻은 아니다. 밀로프와 그의 동료들이 1998년 《소아과학(Pediatrics)》에 썼듯이, 껌 삼키기(또는 다른 소화 불가능한 것들과 함께 껌 삼키기)가 버릇이 되면 문제를 일으킬 수 있다. 그 연구진의 보고서는 껌에 의한 위장관 폐쇄로 고통받는 세 아이를 다루는데, 그중 둘은 착한 행동에 대한 긍정적 강화로 껌을 받아왔고 다 씹은 껌은 으레 삼켜서 없앴다. 두 아이 모두 변비에 걸렸는데, 껌이 눈덩이처럼 뭉쳐 '태피(taffy)* 같은' 꽤 큰 덩어리를 만드는 바람에 강제로 추출해야 했다. 세 번째 환자는 겨우 한 살 반 된 여자아이였는데, 동전 네 개가 껌 때문에 한 덩어리로 뭉친 채 식도에 걸려 있었다.

*설탕을 녹여 만든 무른 사탕.

"정말 흥미로운 사례를 본 적이 있습니다." 밀로프는 덧붙인다. "해바라기씨, [그리고] 껍데기도 삼킨 사람이었습니다." 그 환자의 아래쪽 위장관을 검사하자 "아주 뾰족한 씨앗들이 전부 껌을 둘러싸고 굳어 있었습니다." 밀로프는 그것이 "고슴도치 같은" 모양이었다고 말한다.

배 속에 고슴도치가 생길 현실적인(어렴풋하게라도) 가능성만으로도 껌 삼키기를 삼가는 데는 충분할 텐데, 7년의 낭설은 사라지지 않는다. 하지만 아무런 실제적 피해도 없고, 사실 밀로프가 묘사하는 그런 많은 사례를 예방하는 데도 도움이 되므로, 그 속설은 앞으로도 얼마간 남아 있을 가능성이 높다. 고맙게도 여러분이 고교 시절에 삼킨 스피어민트 껌과는 달리 말이다.

6-9 오페라 가수는 유리를 깰 수 있다

캐런 슈록

오케스트라 선율이 최고조를 향해 갈 때, 한 풍만한 여성이 무대 앞으로 걸어 나온다. 길게 땋은 금발머리가 뿔 달린 투구 아래로 내려뜨려져 있다. 여성은 금빛으로 빛나는 가슴을 부풀리며 숨을 들이쉰 후, 립스틱 바른 입을 크게 벌려 지축을 뒤흔드는 고음을 토해낸다. 목소리의 힘이 콘서트홀에 폭발하면서 샴페인 잔이 깨지고, 단안경에 금이 가고, 샹들리에가 터진다. 셀 수 없이 많은 만화와 코미디에 나오는 장면이지만, 이러한 패러디에는 현실적 근거가 있을까? 오페라 가수가 정말 유리를 산산조각 낼 수 있을까?

물리학적 관점에서 보면, 목소리로 유리를 깨는 것은 원칙적으로 가능하다. 지구의 다른 모든 물질과 마찬가지로, 모든 유리 조각은 고유의 공명 주파수(음파 같은 자극과 충돌하거나 그것으로 교란되면 진동하는 속도)를 가졌다. 유리로 된 와인 잔은 특히 공명이 강한데, 그 텅 빈 관형 모양 때문이다. 쨍하고 부딪쳤을 때 그토록 듣기 좋은 울림을 내는 것도 바로 그 때문이다. 그 울리는 음조와 동일한 톤으로 노래한다면(전설에서는 하이 체지만* 현실에서는 어떤 음조든 어울리기만 하면 된다) 목소리는 주위의 공기 분자를 그 잔의 공명 주파수로 진동시켜 잔 역시 진동을 시작하게 만들 것이다. 그리고 만약 충분히 큰 소리로 노래를 부른다면, 잔은 진동 끝에 저절

*하이 체(high C)는 표준 88건반 피아노의 네 번째 도인 '가온 다'보다 두 옥타브 높은 '다' 음.

로 산산조각 날 것이다.

"가능은 하지만, 아주 운이 좋아야 합니다." 컬럼비아대학교의 기계공학자로 물질이 깨지고 망가지는 다양한 방식을 연구하는 제프리 카이사르(Jeffrey Kysar)는 말한다. "그 컵을 자극할 수 있다 해도 깨진다는 보장은 없습니다. 깨지느냐 안 깨지느냐는 초기 결함의 크기에 달려 있습니다." 그러므로 디바가 와인 잔을 성공적으로 깨뜨리기 위해서는 압력에 충분히 굴복할 정도의 극미한 결함들이 있는 잔을 운 좋게 골라야 한다.

보이지 않는 금과 틈새는 모든 물질의 표면에 뒤덮여 있지만 그 각각의 크기와 위치는 심하게 다를 수 있다고, 카이사르는 말한다. 와인 잔은 맨눈에는 똑같아 보여도 파괴 강도에서 큰 차이가 날 수 있다. 따라서 일부는 다른 것들보다 더 높은 음량 수준을 견딜 수 있다.

유리 깨뜨리기 게임의 핵심 요소는 음량인데, 왜냐하면 음량이 공기 분자를 밀어내는 정도와 직접 관련되기 때문이다. 기본적으로 소리는 유리에 닿을 때까지 분자에서 분자로 거쳐 간다. 브륀힐드가* 더 큰 소리로 노래할 때, 그녀는 실질적으로 그 잔에 공기를 더 세게 밀어붙이고 있다. 그 효과는 그네에 탄 아이를 미는 것과 매우 비슷하다(더 세게 밀수록 아이는 꼭대기로 더 빨리 올라간다). 그렇지만 미는 타이밍이 그네의 자연적 진폭과 일치하지 않는 한, 한 번 세게 미는 것으로는 거의 효과를 볼 수 없다. 잔을 깨고 싶은 사람이 잔의 공명 주파수에 부합하는 음을 내야 하는 것과 마찬가지다.

*바그너의 오페라 〈니벨룽의 반지〉에서, 지크프리트의 연인.

목소리로 잔 깨뜨리기라는, 예술에 관련된 물리학적 원리는 충분히 단순해 보인다. 하지만 와인 잔과 화병과 안경을 깨뜨리는 위력적인 가수들의 이야기가 아무리 넘쳐나도, 수상쩍게도 이 무용의 실제 사례는 역사적 기록으로 남아 있지 않다. 유명한 테너인 엔리코 카루소에게 그 능력이 있었다는 이야기가 있지만, 그가 죽은 후 아내는 그 소문을 부정했다. 뭘까?

알고 보니 대부분의 와인 잔을 비롯한 잔들은 그네에 탄 45킬로그램의 아이와 마찬가지다. 밀어라. 그렇지만 그 아이는 아마도 꼭대기 가까운 곳에 전혀 미치지 못할 것이다.

최고급 납유리로 만들어서 아주 섬세하고 공명도가 높은 와인 잔들은 일부 사람들이 증폭기를 사용하지 않고 내는 생목소리(최고 100데시벨)에 반응해 깨질 수 있다. 1970년대의 한 유명한 광고에서는 엘라 피츠제럴드가* 메모렉스 스피커로 쉽게 와인 잔을 박살냈는데, 그 수법은 증폭으로 여러 차례 반복되어왔다. 소리를 한 약한 물체로 향하게 한다는 원칙은 가령 신장 결석을 부수는 데 이용된다. 다만 의사들은 번거롭게 공명 주파수를 찾지 않고, 그냥 많은 음(sound)의 에너지로 결석을 폭파하는 편을 선호한다(그리고 만약 한 가수가 예컨대 폭발만큼 충분히 큰 소리를 낸다면, 역시 잔을 깨뜨리기 위해 공명 주파수를 찾을 필요가 없을 것이다). 그렇지만 최근까지는 누군가가 자기 목소리만으로 잔을 깨뜨린 적이 있다는 증거가 전혀 없다.

* 미국의 여류 재즈 가수.

그 후 2005년에 디스커버리 채널의 〈호기심해결사〉가 그 질문에 도전했다.

록 가수이자 보컬 코치인 제이미 벤데라로 하여금 최선을 다해 크리스털 잔을 깨뜨리게 한 것이다. 그는 자신의 강력한 기도 폭발에 산산조각 난 행운의 잔을 우연히 만나기 전까지 12개의 와인 잔을 시험해보았다. 처음으로 아무 보조 없이 목소리만으로 잔을 깨뜨릴 수 있다는 증거가 영상으로 포착되었다.

벤데라의 유리 깨기 포효는 105데시벨로 기록되었다. 거의 착암기가 내는 소리만큼 큰 소리다. 보통 사람들은 그 정도 소리를 낼 만큼 폐활량이 크지 못하다. 오페라 가수들은 100데시벨 이상의 음량으로 유지되는 소리를 내도록 몇 년간 훈련한다. (그에 비해 보통 말하는 소리는 50데시벨 부근이다.) 나는 과학 저술가가 되기 전에 오페라 가수 공부를 했지만, 그 현상을 개인적으로 목격하거나 스스로 재현할 수 있었던 적은 한 번도 없다. 물론 내가 다시 시도하지 않겠다는 말은 아니다. 하지만 아마도 나는 그전에 뿔 달린 투구와 금빛으로 빛나는 흉갑, 그리고 가장 중요하게는 좋은 증폭 스피커를 갖춰야 할 것이다.

7

마음과 뇌

7-1 뇌가 반밖에 없는 것이 뇌가 다 있는 것보다 나을 수 있다

찰스 최

(뇌의 절반을 제거하는) 뇌반구절제술이라는 수술은 너무 과격하게 들리지만, 실제로 하기에는 훨씬 덜 과격하다. 외과의들은 지난 한 세기 동안 다른 방식으로는 통제 불가능한 장애에 대해 수백 차례나 그 수술을 시행해왔다. 믿을 수 없게도 그 수술은 성격이나 기억에 아무 뚜렷한 영향을 미치지 않는다.

최초의 뇌반구절제술은 1888년에 독일의 생리학자 프리드리히 골츠(Friedrich Goltz)가 개에게 행한 것으로 알려져 있다. 인간을 대상으로 한 첫 사례는, 신경외과 의사 월터 댄디(Walter Dandy)가 1923년 존스홉킨스대학교에서 뇌종양 환자에게 시행한 것이다. (그 남자는 결국 암에 무너지기 전까지 3년도 더 살았다.) 뇌반구절제술은 뇌수술 중 가장 과감한 축에 속한다. "뇌의 절반 이상은 제거할 수 없습니다. 몽땅 들어내면 문제가 생기죠." 존스홉킨스의 신경과학자 존 프리먼(John Freeman)은 농담을 한다.

1938년에 캐나다의 신경외과 의사 케네스 매켄지(Kenneth McKenzie)는 뇌졸중을 겪은 16세 소녀에게 시행한 뇌반구절제술의 한 가지 부작용을 보고했는데, 그 부작용이란 발작의 중지였다. 오늘날 어떤 약물도 효과가 없는, 매일 수십 차례의 발작을 일으키는 환자들이 그 수술을 받는다. 그것은 한쪽 반구에 주로 영향을 미치는 질병 때문이다. "이런 질병은 종종 진행성이고, 치유하지 않으면 뇌의 나머지 부분에도 손상을 입힙니다." 캘리포니아대학교 로스앤젤레스캠퍼스의 신경외과의 게리 매선(Gary Mathern)은 말한다. 프리먼은 동의한다. "뇌반구절제술은 그 대안이 더 나쁠 때만 하는 수술입니다."

해부학적 뇌반구절제술은 반구 전체를 제거하는 데 비해, 기능적 뇌반구절제술은 한쪽 반구의 일부만 들어내고 두 반구를 잇는 신경섬유 다발인 뇌량(腦梁)을 절단한다. 그 공동(空洞)은 하루 정도 동안 뇌척수액으로 채워진 후 빈 채로 남아 있게 된다.

홉킨스가 전문인 해부학적 뇌반구절제술의 장점은 "뇌를 조금이라도 남겨두면 발작이 재발할 수 있다"는 데 있다고 프리먼은 말한다. 한편 기능적 뇌반구절제술은 보통 캘리포니아대학교 로스앤젤레스캠퍼스의 외과의들이 전문인데, 혈액 손실이 더 적다. "우리 환자들은 보통 두 살 이하라 손실될 혈액이 더 적습니다." 매선은 말한다. 홉킨스의 뇌반구절제술 환자 대부분은 5~10세 아이들이다.

신경외과의들은 겨우 3개월밖에 안 된 아이들에게 그 수술을 해왔다. 놀랍게도 기억과 성격은 정상적으로 발달한다. 최근의 한 연구는 1975~2001년 홉킨스에서 뇌반구절제술을 받은 111명의 아이 중 86퍼센트가 발작이 사라졌거나, 약물을 요하지 않거나 장애를 유발하지 않는 발작만 일으킨다는 것을 발견했다. 여전히 발작을 겪는 환자들은 선천적 결손증이나 발달장애를 가졌는데, 그럴 경우 뇌 손상은 보통 한쪽 반구에만 한정되지 않는다고, 프리먼은 설명한다.

또 다른 연구에 따르면, 뇌반구절제술을 받은 아동들은 발작이 멈추면 학업 능력의 향상을 보이곤 했다. "한 여자애는 자기 반의 챔피언 볼링 선수였고, 한 남자애는 자기 주의 체스 챔피언이었고, 다른 아이들은 대학교 공부를 아주 잘하고 있습니다." 프리먼은 말한다.

물론 그 수술에는 단점도 있다. "걷거나 달리거나, 일부는 춤을 추거나 깡충깡충 뛸 수도 있지만, 제거된 반구의 반대편 신체를 못 쓰게 됩니다. 그쪽 팔은 거의 기능을 못 하고, 그쪽 눈은 시력을 잃습니다." 프리먼은 말한다.

놀랍게도 다른 영향은 거의 보이지 않는다. 뇌 왼쪽을 제거할 경우 "대부분은 언어 능력에 문제가 생기지만, 우리는 두 살 이후에 그 부분을 들어내면 다시는 말을 못 한다는 것이 사실이 아님을 입증했습니다." 프리먼은 말한다. "더 어린 나이에 뇌반구절제술을 받을수록 언어 장애가 덜 생깁니다. 발화 능력이 뇌의 어느 쪽으로 옮겨 가는지, 그리고 무엇으로 대체되는지에 관해서는 정말이지 아직 아무도 모릅니다."

매선과 그의 동료들은 최근 뇌반구절제술 환자들에 대한 최초의 기능적 MRI 연구를 시행하여, 그들의 뇌가 물리적 재활에 따라 어떻게 변하는지를 조사했다. 환자들의 남은 뇌 반구가 어떻게 언어, 감각, 운동 기능 등을 습득하는지 탐사하는 것은 "뇌의 가소성 또는 뇌의 변화 능력에 밝은 빛을 던져줄 수도 있을 것입니다." 프리먼은 말한다. 그래도 뇌가 절반밖에 없는 것, 그래서 한 손밖에 못 쓰고 한쪽 눈으로만 보아야 하는 것은 대다수 사람들이 반길 만한 상태가 아니다.

7-2 뇌가 클수록 머리가 더 좋다

카이트 수켈

연구에 따르면, 납은 뉴런(신경세포)을 죽여 뇌를 더 작게 만들 수 있다. 아동기의 납 노출에 의한 뇌 변화가 인지능력 저하와 범죄 행위의 가능성을 높인다는 가설은 오래전부터 있었다. 그리고 비록 인종과 계급과 경제가 미치는 복잡한 효과를 풀어내기란 어렵지만, 신시내티대학교 환경보건학과의 교수 킴 디트리치(Kim Dietrich)의 연구에서는 아동기 때 고도의 납에 노출된 사람이 뇌 크기가 가장 작은 것을 (게다가 가장 많이 체포된 것을) 발견했다.

"일찍 납에 노출된 사람들은 전전두피질의 회백질[뇌의 신경세포체와 시냅스가 풍부한 부분]의 부피가 더 작았습니다." 그는 말한다. "그리고 범죄 행위가 집행 기능에 핵심적인 이 영역의 부피 손실과 함께 나타난다는 사실은 아마도 단순한 우연이 아닐 겁니다."

그렇지만 그것이 사실이라 해도, 인간을 비롯한 여러 동물 종을 대상으로 한 새로운 과학 연구는 뇌 크기 하나만으로 지능을 측정할 수 있다는 생각에 도전하고 있다. 과학자들은 이제 지능을 결정하는 것은 뇌 크기라기보다 뇌의 기저 조직과, 그 시냅스(신경 자극이 지나가는, 뉴런 사이의 소통 교차점)에서 일어나는 분자 활동이라고 주장한다.

몇 년 전 남아프리카공화국 요하네스버그 소재 비트바테르스란트대학교의 보건과학 교수인 폴 맨저(Paul Manger)는 인간에 맞먹을 정도로 큰 뇌를 가진 사랑받는 큰돌고래를 “금붕어보다 멍청하다”고 말해서 물의를 빚기도 했다.

“고래목(目)을 보면, 그들은 틀림없이 큰 뇌를 가졌습니다.” 맨저는 말한다. “그렇지만 실제 뇌 구조를 보면 그리 복잡하지 않지요. 그리고 뇌 크기는 오직 나머지 뇌가 정보처리를 활성화하기에 적합하도록 조직되었을 경우에만 중요합니다.”

그는 뇌내 시스템(신경세포와 시냅스가 어떻게 조직되었는가)이 정보처리 용량을 결정하는 열쇠라고 주장한다. 맨저는 고래목 동물들의 뇌가 큰 것은 지능 때문이 아니라, 차가운 물속에서 정보를 처리하는 뇌 내부의 신경세포에게 온기를 제공하기 위해 존재하는 듯한 지방질 교질세포(glial cell, 지지조직 기능을 하는 비신경세포)가 많기 때문이라고 고찰한다.

앨라배마 자연사박물관의 척추동물 고생물학자인 마크 어헨(Mark Uhen)과, 에모리대학교의 여키스(Yerkes)국립영장류연구소에서 고래목과 영장류의 뇌 진화를 연구하는 로리 마리노(Lori Marino)는 동의하지 않는다. 마리노는 맨저의 이론이 돌고래가 복잡한 사상가라는 수년간의 행동과학적 증거를 무시하는 것이라고 말한다. 그의 말에 따르면, 더욱이 그 포유류는 다른 기능적 지도로 이루어진 특이한 뇌 구조를 가졌으므로 다른 종과 비교할 수 없다.

마리노는 돌고래의 독특한 뇌 조직이 어쩌면 그들이 우리와는 다른 경로를 통해 복잡한 지능으로 진화했음을 나타낼지도 모른다고, 그리고 시냅스에서 분비되는 분자들이 그 다른 경로를 제공할지도 모른다고 믿고 있다.

영국 케임브리지에 있는 웰컴트러스트생어연구소(Wellcome Trust Sanger

Institute)의 신경과학자 세스 그랜트(Seth Grant)와 노스스태퍼드셔에 있는 킬(Keele)의과대학교의 생물정보학과 교수 리처드 엠스(Richard Emes)가 《네이처 신경과학(Nature Neuroscience)》에 발표한 연구 결과에 따르면, 모든 종은 그 시냅스에서 작용하는 동일한 염기성 단백질을 가지고 있다.

"우리 자신과 물고기는 서로 무척 다른 인지능력을 가졌습니다." 엠스는 설명한다. "그렇지만 이런 시냅스 단백질의 수는 대략 비슷합니다. 뇌에 더 높은 수준의 인지 기능을 위한 벽돌을 제공하는 것은 이런 단백질의 상호작용과 유전자 복제의 수입니다."

엠스와 그랜트와 동료들은 지능과 종에 따른 차이는 시냅스 수준의 분자 복잡성 때문이라는 마리노와 어헨의 견해에 동의한다. "기본 원칙에 따르면, 뇌의 계산적 성질은 신경세포와 시냅스의 수에 기반합니다." 그랜트는 말한다. "그렇지만 우리는 그 시냅스들 내의 분자 복잡성 또한 중요하다는 점을 감안하여 균형을 맞춰야 합니다."

그랜트와 엠스는 효모와 초파리와 생쥐의 신경계에서 약 150개의 시냅스 단백질이 분비되는 지점을 관찰했다. 그리고 생산과 분배 패턴에서 나타나는 차이가 뇌의 고위 중추와 관련되어 있음을 발견했다.

"효모에서 볼 수 있는 단백질은 뇌 전반에서 일정한 양으로 발현될 가능성이 훨씬 높은 종류의 단백질입니다." 그랜트는 말한다. "그들은 다른, 좀 더 새로운 단백질의 다른 조합과 발현을 이용하여 뇌의 좀 더 다양하고 다른 영역을 만들기 위한 토대를 놓습니다." 그는 특화된 뇌 영역을 만들기 위한 이런 분자 단백질을 연장통 속 도구에 비유한다. 이어서 이런 단백질이 복제 또는 결실(缺失) 같은 다른 상호작용을 하면서 시간이 지나자 계획과 목표 지향적 행동 같은 더 고급 집행 기능에 관여하는 인간의 전전두피질 같은 영역이 진화했다고 말한다.

그랜트는 이런 발견이 과학자들에게 뇌 진화와 지능을 연구하는 새로운 방식을 제공한다면서, 그보다 더 중요하게는 뇌 크기와 인지능력의 낮은 연관관계를 시사한다고 말한다.

"뇌가 비교적 작고 신경세포와 신경 연결이 적은 새들에게도 명확히 놀라운 정신적 능력이 있습니다. 그들은 복잡한 분자 시냅스를 가지고 있지요." 그랜트는 말한다. "저는 앞으로 10~20년 사이에 다른 종의 정신적 능력에 관한 우리의 시각이 매우 급격히 바뀌리라고 내다보고 있습니다."

그렇지만 큰 뇌가 곧 영리함을 뜻한다는 생각이 금방 사라질 것 같지는 않다. 비록 맨저는 지능에서 교질세포가 하는 역할을 무시하지만, 알베르트 아인슈타인의 뇌에 대한 사후 해부 연구 결과, 그 과학 천재의 뇌가 다른 사망한 과학자들의 뇌와 다른 점은 교질세포의 비율이 더 높은 것뿐이라는 점이 밝혀졌다. 그렇지만 아인슈타인의 뇌 조직과 시냅스 분자 배치에 대한 연구는 아직 완료되지 않았다.

7-3 스프링 피버는 실제 현상이다

크리스티 니콜슨

시인들이 몇 세기 전부터 노래해온 한 가지 병이 있다. 홍조 띤 얼굴, 빨라진 심장박동, 식욕 부진, 조바심과 백일몽 같은 증상을 포함하는 그 병은 바로 스프링 피버(spring fever)이다. 4월과 5월 사이에 찾아오는, 누구나 알지만 놀랍도록 정체가 불분명한 질병이다.

"스프링 피버는 분명한 진단 범주가 아닙니다." 컬럼비아의과대학교 산하 경증 치료와 생물학적 리듬 센터(Center for Light Treatment and Biological Rhythms)의 마이클 터먼(Michael Terman) 소장은 말한다. "그렇지만 저는 그 증상이 비교적 우울하던 겨울철과 대조를 이루는, 급속하고 예측 불가한 기분 변동과 에너지 상태에서 비롯된다고 말하겠습니다."

비록 스프링 피버는 의학적으로 모호한 범주로 남아 있지만, 계절 변화가 우리의 기분과 행동에 어떤 영향을 미치는지에 대한 연구는 많았다. 리치먼드에 있는 버지니아 정신 및 행동유전학 연구소(Virginia Institute for Psychiatric and Behavioral Genetics)의 박사후 연구원 매튜 켈러(Matthew Keller)는 미국과 캐나다에서 500명을 연구한 뒤, 사람들이 쨍쨍한 봄날에 밖에서 보내는 시간이 많을수록 기분이 더 좋아진다는 결과를 내놓았다. 더 더운 여름철에는 그런 좋은 기분이 약화되었고, 켈러의 주장에 따르면 최적의 기온이라는 것이 있다. 화씨 72도(섭씨 22.2도), 흔히 실온이라고 하는 온도다.

7-3

물론 봄은 그저 우리의 기분을 밝게 해주는 것만이 아니다. 알프레드 테니슨이 묘사했듯이, "봄날 젊은 남자의 백일몽은 쉽게 사랑의 감정으로 변한다."* 포유류의 성적 행동은 계절 패턴을 따르는데, 그것은 생존에 이롭다. 사실 연구자들은 적도에서 멀어질수록, 따라서 계절이 더 뚜렷할수록 들쥐의 출산이 급증한다는 것을 발견했다. 같은 추세가 산토끼와 사슴에게서도 나타난다고, 텍사스대학교의 생물학자 프랭크 브론슨(Frank Bronson)은 《포유류 번식생물학(Mammalian Reproductive Biology)》에서 말한다. 동물과 인간이 체내의 생체 시계를 통해 낮의 길이를 측정해 계절을 추적하며 이로써 생식을 통제받는다는 것은, 확실한 문헌 근거들이 뒷받침하는 사실이다.

* 테니슨의 서사시 〈록슬리 홀(Locksley Hall)〉의 한 구절.

포유류의 시상하부에는 시교차상핵(SCN)이라고도 하는 생체 시계가 존재한다. 그 시계는 망막으로 가는 경로를 통해 빛을 감지하고, 낮의 길이에 관한 정보를 송과선(pineal gland)에 전달한다. 이 대뇌 아래쪽에 박혀 있는 완두콩 크기의 샘은, 어둠이나 침침한 빛 속에서만 분비되기 때문에 수면호르몬이라고 불리는 멜라토닌의 분비를 관장한다. 멜라토닌 분비가 지속되는 시간은 밤의 길이에 따라 변화하는데, 겨울 동안 가장 길다. 그리고 그 원인은 몰라도 봄철에 우리의 에너지가 증가하는 것은 밤 시간의 단축에 따른 멜라토닌 생산 시간의 단축과 관련이 있다고 여겨져왔다.

"생물학적 관점에서 볼 때 대다수 유형의 동물, 그리고 심지어 식물은 계절에 따라 행동과 생리학이 변화합니다. 인간의 착상 속도에는 계절 주기가 있습니다." 2001년에 《생물학적 리듬 저널(Journal of Biological Rhythms)》을 위해 생물학적 리듬이 생식에 미치는 효과를 검토한, 국립정신건강연구소(National Institute of Mental Health)의 토머스 위어(Thomas Wehr)는 말한다. 역사적으로 봄에는 출산율이 높았다. 16세기 후반, 보통 3월의 출산율은 평균에 비해 20퍼센트 치솟았다. 이는 아기가 6월에 착상된다는 뜻이다. 그렇지만 미시간대학교 앤아버캠퍼스 산하 인구연구센터(Population Studies Center)의 데이비드 램(David Lam)의 연구 결과에 따르면, 지난 400년 동안 3월의 출산율은 평균을 약 10퍼센트 웃도는 수준으로 평준화되었다.

문화적·사회적 요인은 착상 패턴에 영향을 미치지만 생물학은 생식 연료(남자에게서 테스토스테론을 생성하고, 여자에게서 배란을 자극하는 황체형성호르몬)를 생산하는 데 강한 역할을 하는데, 그것은 6월(엄밀히 말해 봄의 끝) 동안 평균 20퍼센트 웃도는 정점들을 보면 알 수 있다. 연구는 또한 성공적인 시험관수정 역시 자연적 출생과 동일한 계절적 정점을 따른다는 것을 보여준다. "우리는 인간에게서 그 인과관계를 밝혀내지 못했습니다." 위어가 말한다. "하지만 다른 대다수 포유류가 낮 길이의 변화를 기준으로 삼는다면, 멜라토닌 신호와 착상률 사이의 연관성은 무척 가능성이 높습니다. 그렇지만 더 많은 연구가 필요합니다."

봄철에 멜라토닌이 우리의 기분 변화를 촉진한다는 생각은 "너무 편리한 설명"이라고 터먼은 반박한다. "멜라토닌은 시계의 침과 더 비슷합니다. 그것은 필수적 변수가 아닙니다." 겨울 우울증에 대한 진단명인 계절성정서장애

(SAD)가 출현하면서, 1980년대 이래로 연구자들은 계절이 기분에 미치는 영향에 초점을 맞춰왔다. 계절성정서장애의 정확한 이유는 아무도 모른다고 터먼은 말하지만, 우울증이 겨울에는 심해졌다가 봄에는 가벼워지는 패턴이 있다. 그리고 기분 전환의 핵심은 아침 볕이 드는 시각이라고, 그는 주장한다. 그는 미국에서 태양이 더 늦게 뜨는 시간대에 속하는 서부 변두리의 주민들이 우울증을 더 많이 겪는다는 것을 보여주었다.

명확히 기분과 행동과 봄철의 낮 길이 사이에는 뚜렷한 연관 관계가 존재하지만, 우리의 에너지가 샘솟는 정확한 이유는 아직 모호하다. 스프링 피버의 증거는 대체로 경험담으로 남아 있다. 그렇지만 계절성정서장애가 안타깝게도 현실이듯, 스프링 피버는 비록 정확한 과학적 사실은 아니라 해도 점점 허구의 영역을 벗어나고 있다.

7-4 테스토스테론만으로 폭력이 유발되는 것은 아니다

크리스토퍼 밈스

전형적인 남성호르몬인 테스토스테론은 흔히 폭력과 긴밀한 관련이 있다고 여겨진다. 그 근거는 우리 주변 곳곳에 있다. 아나볼릭스테로이드(anabolic steroid)를* 과용하는 역도 선수들은 '스테로이드 분노(roid rage)'를 경험하고, (테스토스테론의 원천을 제거하는) 거세는 몇 세기 동안 축산업에서 두루 이용되어온 방법이다.

*근육 성장에 긴요한 테스토스테론.

그렇지만 그 관계의 본질은 무엇인가? 한 평범한 남성에게 테스토스테론을 주사하면 괴력의 헐크로 변할까? 폭력적인 남자들은 비교적 유순한 남자들보다 테스토스테론 수치가 더 높을까?

"[역사적으로] 연구자들은 테스토스테론 수치 증가가 반드시 더 많은 공격성으로 이어질 것을 기대했지만, 그러한 기대를 신빙성 있게 뒷받침하는 근거는 나타나지 않았습니다." 일리노이 주 게일즈버그에 있는 녹스칼리지 심리학과의 프랭크 맥앤드루(Frank McAndrew) 교수는 말한다. 사실 테스토스테론과 공격성에 관한 가장 최근의 연구에 따르면, 그 둘 사이에는 미미한 관계가 있을 뿐이다. 그리고 공격성을 좀 더 좁게 단순한 물리적 폭력으로 규정하면, 그 미미한 관계조차 완전히 사라져버린다.

"심리학자들과 정신과 의사들이 말하는 것은, 테스토스테론이 공격성을 활성화하는 효과를 가진다는 겁니다." 에모리대학교의 인류학자이자 《뒤엉킨 날개 : 생물학은 인간 영혼을 어떻게 제약하는가(Tangled Wing : Biological Constraints on the Human Spirit)》의 저자인 멜빈 코너(Melvin Konner)는 말한다. "테스토스테론을 주입하면 공격성이 발현되는, 서로 밀고 당기듯 딱딱 맞아떨어지는 관계는 없습니다."

거세 실험들은 테스토스테론이 폭력에 필요하다는 것을 나타내지만, 다른 연구는 테스토스테론 자체만으로는 충분하지 않다는 것을 보여주었다. 이런 식으로 테스토스테론은 가해자라기보다 (이따금 범죄의 현장에서 그리 멀리 있지 않은) 방조범에 가깝다.

예컨대 성별에 관계없이 가장 폭력적인 죄수들은 덜 폭력적인 죄수들보다 테스토스테론 수치가 더 높다. 그렇지만 과학자들은 이 폭력이 생물학적·생식적으로 훨씬 더 두드러지는, 지배라는 목적이 발현된 한 형태일 뿐이라고 생각한다.

"높은 테스토스테론 수치와 관련된 반사회적 행동이 이런 집단에서 지배를 유지하는 방식으로 기능한다는 견해가 있습니다." 오스틴 텍사스대학교의 로버트 조지프스(Robert Josephs)는 말한다. 다시 말해서 연구진이 다른 사람들의 집단, 예컨대 부자와 유명인을 연구할 경우에는 폭력이 아니라 누가 가장 큰 SUV 또는 가장 좋은 정원을 가졌느냐 하는 것과 테스토스테론의 관계를 발견할 가능성이 있다.

조지프스의 말을 들어보자. "이웃의 등에 칼을 꽂는 것은 교도소에서 먹히

*미국 미시간 주의 고급 주택 지역.

는 방법일지 모르지만, 그로스포인트에서는* 어떤 지위 점수도 얻지 못할 겁니다."

애틀랜타에 있는 조지아주립대학교의 심리학자 제임스 댑스(James Dabbs)는 연구 경력 내내 상상할 수 있는 모든 종류의 생활양식을 테스토스테론과 연결 짓는 연구를 해왔다. 그는《영웅, 악당, 그리고 연인(Heroes, Rogues and Lovers)》에서, 운동선수와 배우, 육체 노동자와 사기꾼이 사무직원이나 지식인 또는 행정가에 비해 테스토스테론 수치가 더 높다는 점을 지적했다.

그러나 댑스는 이 상호 관계가 그들이 놓인 환경의 원인인지, 아니면 결과인지 밝히지 않았다. 말하자면 그것은 테스토스테론이 높은 남자가 폭력적 범죄자가 될 확률이 높은가, 아니면 폭력적 범죄자라는 점이 그 남자의 테스토스테론 수치를 높이는가 하는 물음이다.

그 답을 아는 사람은 실제로 아무도 없지만, 점점 불어나는 증거에 따르면 테스토스테론은 폭력의 원인인 것 못지않게 결과이기도 하다. 사실 스포츠 경기에서 승리하는 것과 체스에서 상대를 무찌르는 것 둘 다 테스토스테론 수치를 높일 수 있다. (다른 한편으로 스포츠 경기에서 지는 것, 늙는 것, 그리고 뚱뚱해지는 것은 모두 테스토스테론 수치를 떨어뜨린다.)

"인과관계의 화살표는 양쪽으로 향합니다." 네바다대학교 라스베이거스캠퍼스의 피터 그레이(Peter Gray)는 설명한다. 그레이의 연구는 결혼과 자식을 낳는 것이 테스토스테론 수치를 낮춘다는 것을 보여준다. "동물들에게서와 마찬가지로 인간에게서도 테스토스테론이 남자 대 남자 경쟁의 반응이라는 근거가 있습니다."

우리의 기대 역시 도전에 대한 반응으로 테스토스테론 수치가 변화하는 현상에 영향을 미칠 수 있다. 미시간대학교 앤아버 캠퍼스의 연구진은 빨간 주-파란 주* 분리에 생물학적 변수를 더한 실험을 했는데, 한 자원자로 하여금 북부나 남부 출신의 다른 남자와 '실수로' 부딪치고는 상대에게 욕설을 하게 한 것이다. 연구진은 남부인이 모욕에 대해 공격적으로 반응하는 것이 문화적으로 적절하게 여겨지는 '명예의 문화'에서 자랐다고 가정했는데, 실험의 결과들은 그 생각을 뒷받침했다. 남부인은 북부인에 비해 공격적으로 반응할 확률이 더 높았을뿐더러, 그 결과로 테스토스테론 수치 역시 높아졌다. 그와는 대조적으로 북부 사람들은 테스토스테론 수치가 증가할 확률이 훨씬 낮았다.

*각각 공화당을 지지하는 주와 민주당을 지지하는 주.

"우리가 지금 보기에, 테스토스테론은 지위에 대한 경쟁 그리고(또는) 도전에 반응해 신체를 준비시키기 위해 생성됩니다." 맥앤드루는 고찰한다. "이런 것들에 신호를 보내는 자극이나 사건은 테스토스테론 수치의 증가를 초래할 수 있습니다."

합리적인 이야기다. 단기적으로 테스토스테론은 남녀를 불문하고 더 커지고 더 강해지고 더 에너지 넘치게 하는 데 일조하며, 그 모두가 육체적 경쟁은 물론이고 정신적 경쟁에서 이기는 데도 유용하다. 테스토스테론은 또한 양성의 성욕을 담당하고, 만약 조지프스 같은 연구자들이 옳다면 사회적 지배욕을 강화하는데, 그것은 인간이 누가 누구와 짝짓게 되는가를 결정하는 한 가지 방식이다.

누가 뭐라든 테스토스테론과 폭력 사이의 미약한 상호 관계는 우리가 인류에게 희망을 품을 이유를 제공한다. 다른 동물들이 테스토스테론을 비롯한 호르몬의 계절적 변동에 따른 직접적 결과로 짝을 놓고 싸우는 한편, 인간은 서열을 확립할 다른 방식을 발견했다. 그렇다고 우리가 폭력적인 과거를 현대식으로 재현하지 못한다는 뜻은 아니다. 맥앤드루의 연구에 따르면, 한 남자의 테스토스테론 수치를 높이는 한 가지 확실한 방법은 그에게 총을 주는 것임이 드러났다.

7-5 잠을 덜 자면 꿈을 더 꾼다

크리스티 니콜슨

에바 세일럼은 몇 년 전 악어 때문에 위험에 처했다. 악어에게 손을 물린 것이다. 공황 상태에서 그녀는 간신히 악어를 물리치고 풀려났다. 그 후 꿈에서 깨어났다.

"저는 그게 헤로인을 했을 때 일어나는 일과 비슷하다고 생각해요. 제 꿈이 그래요. 생생하고, 광적이고, 역동적이죠." 그녀는 말한다. 아이를 낳은 지 얼마 안 된 세일럼은 악어에게 물리는 꿈을 꾸기 전에 다섯 달 동안 모유 수유를 하느라 밤잠을 네 시간밖에 못 자고 있었다. 밤잠을 제대로 잘 때면 그녀의 꿈은 부메랑처럼 다시 돌아왔다. 어찌나 생생한지 한숨도 안 잔 것 같은 느낌이었다.

꿈은 놀랍도록 끈질기다. 수면 부족으로 잠깐 꿈꿀 새가 없으면 뇌가 그것을 잊지 않고 있다가 눈꺼풀이 닫히는 즉시 재생을 시작한다. 셰익스피어는 잠을 일컬어 "자연의 부드러운 간호사"라고 했지만, 그것은 전혀 부드럽지 않다.

"수면 부족인 사람에게서는 수면 집중도가 엄청나게 높아지는 것이 확인되는데, 이는 잠자는 동안 뇌 활동이 더 활발해진다는 뜻입니다. 꿈이 확실히 더 잦아질 뿐만 아니라 더 생생한 꿈을 꿀 가능성이 높습니다." 미네소타대학교의 신경학자이자 미니애폴리스에 있는 미네소타수면장애연구소(Minnesota Regional Sleep Disorders Center) 소장인 마크 마호왈드(Mark Mahowald)는 설명한다.

그 현상은 렘 반동(REM rebound)이라고 불린다. 렘은 '급속한 안구 운동(rapid eye movement)'의 머리글자로, 닫힌 눈꺼풀 아래에서 눈이 재빠르게 움직이는 현상이다. 이 상태에서 우리는 꿈을 가장 많이 꾸고, 뇌 활동은 깨어 있을 때와 기묘하게 비슷하다. 그렇지만 동시에 근육은 느슨해져서, 우리는 마비된 채 누워 있다. 간혹 발가락을 꼼지락대는 것을 제외하면 기본적으로 움직임은 불가능하다. 마치 꿈 내용에 따라 몸을 움직이지 못하도록 뇌가 막는 것 같다.

수면은 렘수면과 네 단계에 걸친 비렘수면으로 나뉘는데, 각 단계에서 뇌파의 주파수는 다르게 측정된다. 비렘수면의 첫 단계는 깜빡 조는 단계로, 잠든 상태와 깬 상태의 중간이다. 간간이 구덩이로 떨어지는 느낌이 들기도 한다. 2단계에서 뇌는 느려지고 활동성이 몇 번 잠깐씩 나타난다. 그 후 3단계와 4단계에서는 실제로 뇌가 꺼지고 서파수면(slow-wave sleep)으로 변화하는데, 이때 심박과 호흡률은 급격히 떨어진다.

비렘수면 70분이 지나면 첫 렘수면을 경험하는데, 이 단계는 겨우 5분간만 지속된다. 비렘수면과 렘수면의 전체 주기는 90분이다. 이 패턴은 하룻밤 사이 약 다섯 차례 반복된다. 그렇지만 밤이 깊어갈수록 비렘 단계는 짧아지고 렘 단계가 길어져, 깨어나기 직전 40분간 꿈 여행을 제공한다.

과학자들이 렘수면의 박탈을 연구할 수 있는 유일한 방법은 수면박탈이라는 고문을 통해서뿐이다. "우리는 [뇌전도를] 추적하다가 [피험자들이] 렘으로 들어서면 바로 깨웁니다." 몬트리올에 있는 사크레쾨르병원(Sacré-Coeur Hospital) 꿈연구소(Dream and Nightmare Lab)의 소장인 심리학자 토어 닐슨(Tore Nielsen)은 말한다. "렘을 빼앗기자마자 그들은 렘으로 돌아가려는 압력을 받기 시작합니다." 한 사람을 하룻밤에 40번씩 깨워야 하는 경우도 있는데, 잠들자마자 곧장 렘으로 들어가기 때문이다.

물론 비렘의 반동도 있지만, 뇌는 서파수면에 우선권을 주고 렘은 그다음 차례다. 이는 그 상태들이 서로 독립적이라는 뜻이다.

《수면(Sleep)》에 발표된 2005년 연구에서, 닐슨은 하룻밤의 렘수면을 30분 빼앗기면 다음 날 밤 렘수면이 35퍼센트까지 증가할 수 있음을 보여주었다. 피험자들은 렘수면이 74분에서 100분으로 뛰어올랐다.

닐슨은 또한 꿈 집중도가 렘 박탈과 더불어 증가한다는 것을 발견했다. 렘수면을 겨우 25퍼센트 정도밖에 취하지 못한 피험자들은 꿈의 질을 9점 단계에서 8~9점으로 평가했다(1은 따분한 정도, 9는 아주 격렬한 정도다).

물론 렘 박탈과 그 후의 반동은 연구실 밖에서도 흔히 볼 수 있다. 알코올과 니코틴은 둘 다 렘을 억제한다. 그리고 항우울제와 혈압약 또한 렘 억제제로 알려져 있다. (흥미롭게도 꿈을 빼앗으면 우울증이 증가한다.) 약물을, 그리고 나쁜 습관을 끊은 환자들은 무시무시한 반동으로 보상을 받는다.

그렇지만 렘의 끈질김은 의문 거리다. 렘은 왜 그토록 끈질길까? 4주 동안 렘을 박탈당한 생쥐는 (비록 그 원인은 아직 알 수 없지만) 죽는다. 놀랍게도 우리가 인생의 평균 27년을 꿈꾸는 데 보내는데도, 과학자들은 왜 그것이 그토록 중요한지에 관해 아직도 의견을 모으지 못하고 있다.

캘리포니아대학교 로스앤젤레스캠퍼스의 수면연구소 소장이자 정신과 의사인 제리 시겔(Jerry Siegel)은 최근 몇몇 뇌가 큰 포유류, 즉 돌고래와 고래 같은 동물에게는 렘수면이 존재하지 않음을 입증했다. "렘 부족으로 죽는다는 것은 완전히 헛소리입니다." 시겔은 말한다. "그것은 생쥐 말고 다른 종에서는 한 번도 입증된 적 없습니다."

일부 이론들은 렘이 체온 및 신경전달물질의 수치를 조절하는 데 관여한다는 의견을 제시한다. 그리고 또한 꿈을 꾸는 것이 기억을 동기화하는 데 도움을 준다는 증거도 있다. 태아와 아기는 잠자는 시간의 75퍼센트를 렘으로 보낸다. 또 한편으로 오리너구리는 다른 어떤 동물보다 더 많은 렘수면을 취하는데, 연구자들은 그 이유를 궁금해한다. 왜냐하면 미네소타의 마호왈드의 말처럼 "오리너구리는 멍청하기 때문이죠. 그들이 정리할 게 뭐가 있겠어요?"

그렇지만 생쥐가 실험실 미로와 정확히 일치하는 꿈의 미로를 달린다는 사실을 감안하면, 다른 과학자들은 틀림없이 꿈에는 어떤 목적이나 유의미한 정보가 있어야 한다고 느낀다.

뉴욕시립대학교의 심리학-수면의학과 교수를 지내고 지금은 은퇴한 존 앤트로버스(John Antrobus)는 꿈의 내용이 우리의 불안과 얽혀 있다고 말한다. 하지만 그는 (다른 사람들은 존재한다고 생각하는) 좀 더 역동적인 꿈과 관련이 있는 더 고위 수준의 뇌 활동에 기반한 렘 반동의 극단적 생생함을 한 번도 발견하지 못했다.

7-5

"뇌는 해석적 기관이고, 수면 상태에서 영역들의 연결이 느슨해지면서 우리는 기이한 내러티브를 얻게 됩니다." 그는 말한다. "하지만 목적이 뭘까요? 그에 대해 우리는 사고의 목적이 무엇인지 물어야 합니다. 하나를 대답하지 않고는 다른 하나를 대답할 수 없습니다."

7-6 몽유병자를 잘못 깨우면 죽을 수도 있다

로빈 보이드

몽유병자는 정말 희한한 일들을 한다. 몽유병자가 속바지만 입고 집 밖으로 나가거나, 일어나서 요리를 하고는 별로 먹지도 않고 도로 잠자리에 드는 것을 보았다는 이야기가 많다. 이런 이야기들에는 다음과 같은 엄중한 경고가 자주 따라붙곤 한다. 몽유병자를 섣불리 깨웠다가는 죽는 수가 있다고. 그러나 갑작스레 깨어난 충격으로 몽유병자가 죽을 확률은, 죽는 꿈을 꾸다가 실제로 죽을 확률 정도다.

몽유병자를 깨우면, 특히 강제로 깨우면 스트레스를 줄 수 있는 것은 사실이지만 그 충격으로 죽을 수도 있다는 것은 100퍼센트 틀린 말이라고, 캘리포니아 수면장애연구소의 마이클 살레미(Michael Salemi) 소장은 말한다. "몽유병자는 갑자기 깨워지면 깜짝 놀랄 수도 있고, 너무나 혼란스러운 나머지 폭력적이거나 어리둥절한 반응을 보일 수 있지만, 누군가가 깨워졌다는 이유로 죽었다고 기록된 사례는 한 번도 접해보지 못했습니다." 그보다 밤의 환상 속에서 돌아다니는 동안 누구와 마주치느냐가 몽유병자에게는 더 위험한 문제일 수 있다.

몽유병은 사건수면(parasomnia)이라는 수면 관련 장애에 속한다. 야경증(夜驚症), 렘 행동 장애, 하지불안증후군 등이 사건수면에 포함된다. 대다수의 사람에게 몽유병은 침대에서 일어나 앉기, 집안 돌아다니기, 옷을 입고 벗기 등

흔한 행동으로 나타난다. 그러나 소수의 몽유병자는 식사를 준비하고, 성교를 하고, 창문으로 올라가고, 차를 운전하는 등 좀 더 복잡한 행동을 한다. 이 모두가 실제로 잠든 상태에서 일어나는 일이다. 이런 에피소드는 짧으면 몇 초에서 길면 30분이나 그 이상 갈 수도 있다.

"몽유병 상태는 반은 잠들고 반은 깨어 있는 상태입니다." 미네소타수면장애연구소의 카를로스 솅크(Carlos Schenck)는 말한다. "뇌는 델타파와 세타파를 방출하는데, 그것은 실제로 그 사람이 어중간한 상태에 있음을 보여줍니다." 몽유병은 흔히 비렘수면의 (가장 깊은 수면 단계인) 3단계와 4단계에서 일어나는데, 이때는 서파 또는 델타파가 나타나고 꿈을 거의 또는 전혀 안 꾸는 것이 특징이다.

"아이들은 발달단계에서 몽유병이 나타날 위험이 훨씬 높습니다." 솅크는 말한다. "만약 아이에게 몽유병이 있을 경우 잠이 들고 45분 후에 그 아이를 깨우면 주기가 교란될 수 있습니다. 일반적으로 살살 달래고 유도해서 도로 침대로 데려오는 것이 상황을 해결하는 가장 좋은 방법입니다." 최고 17퍼센트의 아이들은 적어도 한 번의 몽유 경험이 있다. 그 증상은 11~12세에 정점에 이르고, 그 후 사춘기 동안 줄어든다. 성인에게는 더 드물지만(인구의 2.5퍼센트), 스트레스와 수면 부족 또는 불규칙한 수면 때문에 일시적으로 나타나기도 한다.

그래도 이따금 일어나는 밤의 산책보다 더 우려스러운 것은 잠재적 위험이다. "몽유병자는 자신과 타인에게 위험을 가할 수 있고, 심지어 자신이나 타인의 목숨을 앗을 수도 있습니다. 그리고 장거리 운전 같은 고도로 복잡한 행동이나 수면 상태의 공격과 폭력으로 다른 사람에게 해를 입힐 수도 있습니다." 솅크는 말한다. "그러니 몽유병자는 증상이 일어나는 동안 자신과 타인에게 다양한 방법으로 위험할 수 있습니다." 그는 샌디라고 하는 마른 몸매의 10대 소녀를 예로 드는데, 어느 날 밤 샌디는 침실 문짝의 경첩을 뜯어냈다. 깨어 있을 때는 없던 힘이었다. 그리고 한 젊은 남자는 16킬로미터나 떨어진 부모님 집으로 미친 듯이 차를 몰았다. 그리고 자신의 주먹이 부모님 집의 현관문을 두드리는 소리를 듣고 잠에서 깨어났다. 이처럼 심각한 증상들을 보일 경우 의사들은 환자의 밤 활동성을 완화하기 위해 벤조디아제핀(benzodiazepine)을* 처방한다.

*신경안정제에 속하는 향정신성의약품.

그렇지만 대부분의 몽유병 증상은 심하지 않게 가끔 일어나며, 몽유병자의 팔꿈치를 잡아 침대로 이끄는 방법으로 상황을 쉽게 해결할 수 있다. 마지막으로 한 가지 경고가 있다. 목격자들은 다음 날 아침까지 그 일로 낄낄댈지도 모르지만, 상대는 함께 즐거워하지 못할 것이다. 몽유병자의 기억들은 전체 사건 동안 잠들어 있었기 때문이다.

8

기타 등등

8-1 아르키메데스는 욕탕에서 '유레카!'라는 말을 만들었다

데이비드 비엘로

이야기는 이렇게 시작된다. 한 지역의 군주가 고대 그리스의 박식가 아르키메데스에게, 순금 왕관을 제조하는 과정에서 사기가 있었는지 알아내는 일을 맡겼다. 히에로라는 이름의 그 군주는 의심을 품고 있었는데, 금 세공인이 순금 일부를 빼돌리고 대신 신들에게 바쳐질 화환에 든 은을 섞어 왕관을 만들었다는 것이다. 임무를 수락한 아르키메데스는 그 후 공중목욕탕에 갔다가, 자신의 몸이 물속으로 더 깊이 가라앉을수록 더 많은 물이 흘러넘친다는 것을 깨달았다. 그 때문에 흘러넘친 물은 그의 몸 부피와 정확히 같았다. 순금은 은보다 더 무거우므로 은이 혼합된 왕관이 순금 왕관과 같은 무게가 나가려면 부피가 더 커야 한다고, 그는 추론했다. 따라서 그것은 순금 왕관보다 더 많은 물을 흘러넘치게 할 것이다. 그 젊은 그리스 수학자는 답을 얻었음을 깨닫고는, 목욕탕을 뛰쳐나와 발가벗은 채 집으로 달려가면서 이렇게 외쳤다. "유레카! 유레카!" "알아냈다! 알아냈다!"라는 뜻이다.

그로부터 몇천 년이 지난 지금 과학계는 그 감탄사로 가득하고, 많은 사람이 샤워 중에 영감을 떠올려왔다. 앙리 푸앵카레의 수학적 추측, 아인슈타인의 상대성 이론, 뉴턴이 머리에 사과를 맞고 발견한 중력 등은 모두 유레카의 순간으로 일컬어져왔다. '유레카'는 에드거 앨런 포가 과학에 바친 산문시의 제목이 되었는가 하면, 캘리포니아의 금광꾼에게도 많은 사랑을 받아 그 주의 표어가 되기도 했다. 심지어 미국과학진흥회(American Association for the Advancement of Science)의 혁신적인 과학계 소식을 전하는 사이트는 유레칼러트(EurekAlert)다.

그래서 아르키메데스가 그 구절을 결코 그런 식으로 말하지 않았다는 것은 너무나 안타까운 일이 아닐 수 없다.

우선 아르키메데스 자신은 한 번도 이 일화에 관해 쓴 적이 없다. 부력과 지렛대의 법칙(그는 "긴 지렛대만 있으면 지구도 움직여 보이겠다"라고 말했다고 한다)을 상세히 설명하고, 우리가 파이로 알고 있는 원주율을 계산하고, 그 후로 2,000년 동안은 발명되지 않을 적분으로 가는 길을 처음 닦는 등 수많은 수학적·공학적·물리학적 업적을 세우느라 너무 바빴는지도 모르겠다.

아르키메데스가 벌거벗고 '유레카'를 외쳤다는 이야기의 가장 오래되고 권위 있는 출처는 로마 작가 비트루비우스의 책으로, 그는 기원전 1세기경에 발표된 건축에 관한 아홉 번째 저서의 서문에 그 이야기를 실었다. 이때는 그 사건이 일어나고 거의 200년이 지난 뒤로 추정되므로, 그 이야기는 말하는 과정에서 부풀려졌을 가능성이 있다. "비트루비우스는 어쩌면 잘못 알았을지도 모릅니다." 펜실베이니아대학교의 수학자이자 아르키메데스 '열혈 팬'을 자처하는 크리스 로레스(Chris Rorres)는 말한다. "그 용적 측정 방식은 이론상으로 들어맞아서 옳게 들리지만, 실제로 해보면 현실 세계가 방해가 된다는 것을 깨닫게 됩니다."

사실 로레스처럼 그 이야기를 읽고 '그게 사실일 리가 없어'라고 생각한 수

많은 과학자 중에는 갈릴레오도 있다. 갈릴레오가 소논문인 〈라 빌란세타(La Bilancetta)〉, 다른 말로 '작은 천칭(The Little Balance)'에서 보여주었듯이, 아르키메데스처럼 평판 높은 과학자라면 자신이 발명한 부력의 법칙과 정확한 저울을 이용해 훨씬 정확한 결과를 얻을 수도 있었기 때문이다. 아주 정확한 비중병을 이용해 넘쳐흐른 물의 양을 측정하기보다는 법칙과 저울을 통해 측정하는 편이 고대 세계에서 훨씬 흔하고 훨씬 쉬운 방법이었을 것이다. (화환 같은 가벼운 물체는 물의 표면장력 때문에 용적을 측정할 수 없다.) "어쩌면 그 이야기에 약간의 진실이 담겼을 수도 있습니다." 로레스는 덧붙인다. "아르키메데스는 실제로 사물의 부피를 측정했고, 유레카는 욕조에 앉아 있다가 시라쿠사의 거리를 벌거벗은 채 달린 일과 관련된 것이 아니라 [부력에 관한] 그의 독창적인 발견과 관련된 것일 수도 있습니다."

'유레카'라는 감탄사는 뉴턴의 사과와 마찬가지로 그 이야기의 지속적인 힘 때문에 살아남는다. 순금 왕관, 아슬아슬한 삶, 벌거벗은 수학자. 아르키메데스는 수학적 통찰력과 영리한 인용문들의 주인이고, 정말 위대한 이야기 속 주인공이기도 했다. (누군가는 그를 침략군인 로마 함대에 불을 놓은 살인광선의 발명가로 지목하기도 한다. 실제로는 태양 빛을 한 점에 집중시키려고 거울들을 늘어놓은 것이었지만.) 유레카 순간의 진실에 대한 의심은, 번득이는 영감을 독특하고 간결하게 전달하는 그 단어의 능력을 결코 약화시키지 못한다.

8-2 흔들리는 탁자를 돌리면 안정적이 된다

JR 민켈

휘청거리는 테이블은 문명 그 자체와 함께 나이를 먹어온 문제다. 이 고민거리를 해결하는 방법은 아마 재빨리 냅킨을 접어서 문제의 다리 밑에 밀어 넣는 것뿐이라고 생각했을 것이다. 만약 그렇다면 안심하자. 수학자들이 최근에 한층 우아한 해법을 입증했기 때문이다. 그냥 테이블을 돌리면 된다.

최소한 1973년 마틴 가드너(Martin Gardner)의《사이언티픽 아메리칸》칼럼으로 거슬러 올라가는 이 직관적 주장의 원리는 간단하다. 네 다리의 길이가 같은 정사각형 테이블을 생각해보자. 세 다리는 삼각대처럼 동시에 바닥에 붙어 있어야 한다. 바닥이 살짝 기울어져서 넷째 다리만 떠 있다.

이제 앞의 세 다리는 땅에 붙어 있거나 중심을 잡은 채로 테이블의 중심을 돌린다고 상상해보자. 일단 테이블이 90도 돌아가면 흔들리는 다리는 땅속에 있어야 한다. (이해가 안 간다면, 그 흔들리는 다리와 그 옆의 다리 하나를, 옆 다리는 땅속으로 가라앉고 흔들리는 다리는 땅에 닿을 때까지 같이 누른다고 생각해보자.) 그러면 그 흔들리는 다리가 그리는 호의 어느 지점에는 다리가 흔들리지 않고 땅에 붙는 지점이 있어야 한다. 이 주장은 듣기에 엄청 단순한 것 같지만, 입증되기까지 오랜 시간이 걸렸다.

수학적으로는 1960년대에 런던대학교에서 박사 과정을 밟던 로저 펜(Roger Fenn)이 처음 흔들리는 테이블 문제에 본격적으로 덤벼들었다. 어느 날 펜과 그의 대학원 지도교수는 (뻔한 전개지만) 불안정한 테이블이 있는 커피숍에 가게 되었다. "테이블은 계속 흔들렸고, 우리는 안정될 때까지 테이블을 돌렸습니다." 지금은 서식스대학교에 있는 펜이 회상한다.

지도교수의 제언에 따라 펜은 마룻바닥이 부드럽게 굴곡져 언덕처럼 위로 솟아 있을 때, 테이블을 균형 잡히고 수평이 되게 만드는 방식이 적어도 한 가지는 반드시 존재한다는 증명을 작성했다. 그렇지만 그는 그 최적의 지점을 정확히 어떻게 발견하는지 밝히지 않은 채 그 주제를 그대로 테이블에 남겨뒀다. "사람들이 그 문제를 그다지 진지하게 받아들이지 않을 거라고 생각했습니다." 그는 인정한다. "누군가를 만나서 '음, 저는 테이블이 마룻바닥에서 흔들리지 않는 방법을 찾으려고 노력하고 있어요' 하면, 사람들은 이러죠. '아, 그래요.'"

그리고 35년 후, 드디어 테이블 돌리기 가설을 입증할 때가 온다. 그 2년 전, 오스트레일리아 모내시대학교의 수학자인 버카드 폴스터(Burkard Polster)는 수학계의 전설쯤이 된 그 이야기를 교사들을 위한 신기한 수학 수수께끼를 다룬 논문에 포함시켰다. 그러자 곧 만약 바닥에 타일 틈 같은 날카롭게 떨어지는 지점이 있다면 효과가 없을 것이라고 지적하는 편지가 날아들었다.

폴스터는 그 도전에 맞서기로 했다. "실제로 땅바닥 조건이 정확히 지시된 적은 없었습니다." 그는 말한다. 그래서 그와 그의 동료들은 적절히 계산을 하여 만약 바닥에 35.26도 이상 경사진 지점이 없고 테이블이 정사각형이나 직사각형일 경우 실제로 돌려서 균형을 맞출 수 있음을 입증했고, 그 결과에 스스로 만족했다. 비록 테이블 윗면은 평평하지 않겠지만. 그들은《매서매티컬 인텔리전서(Mathematical Intelligencer)》에 게재된 논문에 그 상세한 증명을 실었다. (공동 발견의 신기한 사례로, 몇 달 후 앙드레 마르탱André Martin이라는 이름의 은퇴한 유럽입자물리연구소CERN 소속 물리학자가 오스트레일리아 판에 비슷한 결과를 발표했다.)

폴스터의 연구팀은 나아가 테이블의 균형을 맞추기 위한 절차를 밝혔다. 우선 흔들리는 다리와 대각선상에 있는 다리를 들어올린다. 두 다리 모두 땅에서 대략 동일한 거리만큼 떨어지게 한 후 테이블을 회전시킨다. 연구자들은 이렇게 썼다. "실제로 할 때, 테이블을 그 지점에서 얼마나 정확히 돌리느냐는 중요해 보이지 않는다. 테이블 중심을 돌리는 것이 중요하다."

그러니 다음번에 테이블이 기우는 것 같으면, 냅킨은 내려놓고 망설임 없이 테이블을 돌려 불안함을 떨쳐버리자. 확실히 수학은 여러분 편이다.

8-3 무한의 크기는 다양하다

존 맷슨

1995년에 픽사의 애니메이션 〈토이스토리〉에서, 저돌적인 우주 영웅 인형인 버즈 라이트이어는 지칠 줄도 모르고 자신의 선전 문구를 외운다. "무한한 공간 저 너머로!" 물론 그 우스개는 무한이 최고의 절대성이라는(그 너머는 존재하지 않는다는) 철저히 합리적인 가정에 뿌리를 두고 있다.

그러나 그 가정이 완전무결한 것은 아니다. 독일인 수학자 게오르크 칸토어(Georg Cantor)가 19세기 말에 보여주었듯, 다양한 무한이 존재한다. 그리고 어떤 무한은 다른 무한보다 더 크다.

예를 들어 이른바 자연수를 생각해보자. 1, 2, 3……. 이런 숫자들은 끝이 없고, 따라서 모든 자연수의 모음, 다른 말로 집합은 크기가 무한하다. 그렇지만 그것은 도대체 얼마나 무한한가? 칸토어는 자연수가 비록 무한히 많기는 하지만 실상 다른 흔한 수의 집합들, 예를 들어 '실수'보다 덜 많다는 것을 보여주기 위해 정교한 주장을 펼쳤다. (이 집합은 소수점으로 나타낼 수 있는 모든 수로 이루어지는데, 그 소수점 자릿수는 끝이 없을 수도 있다. 따라서 27과 파이, 즉 3.14159…는 둘 다 실수다.)

사실 칸토어는 0과 1 사이에 자연수의 총 숫자보다 더 많은 실수가 있음을 입증했다. 그는 논리적인 반박을 이용했다. 그는 이런 무한한 집합들의 크기가 같다고 가정했고, 그 후 일련의 논리적 단계들을 따라 그 가정을 뒤흔드는 결합을 찾아냈다. 그는 자연수의 집합과 0과 1 사이의 실수로 이루어진 집합이 동일한 수의 원소를 가졌다면 그 두 집합의 원소들을 1대1 대응으로 늘어놓을 수 있다고 가정했다. 즉 그 두 집합의 각 원소는 다른 집합의 한(유일한) 원소와 '짝'을 지을 수 있다.

이런 식으로 생각해보자. 심지어 수를 세는 방법이 없다고 해도, 1대1 대응을 이용하면 집합의 상대적 크기를 측정할 수 있다. 크기를 모르는 두 상자가 있다고 상상해보자. 한 상자에는 사과가 들었고, 다른 상자에는 오렌지가 들었다. 사과와 오렌지를 동시에 하나씩 꺼내어 사과-오렌지로 짝을 맞춘다. 만약 두 상자의 내용물이 동시에 비워지면 그 수는 동일한 것이고, 한 상자가 다른 상자보다 먼저 비면 아직 남아 있는 상자의 수가 더 많은 것이다.

칸토어는 따라서 자연수와 0에서 1까지의 실수를 그런 식으로 대응시킨다고 상정한다. 각 자연수 n은 실수 r_n을 짝으로 가진다. 이 실수들은 짝인 자연수에 따라 순서에 맞게 늘어놓을 수 있다. r_1, r_2, r_3…….

칸토어의 영리함은 여기서부터 빛난다. 그는 다음 규칙에 따라 실수 p를 만들어냈다. 즉 p의 소수점 이하 n번째 자리의 수는 r_n의 n번째 자리의 수와 일치해서는 안 된다. 간단히 설명하자면, 예를 들어 문제의 자리의 수가 4이면 3을, 4가 아니면 4를 쓰면 된다.

실례를 들자면, 자연수 1에 대한 실수 짝(r_1)은 테드 윌리엄스의* 유명한 4할 타율(0.40570…)로 하고, 2의 짝(r_2)은 조지 W. 부시의 2000년도 득

*미국 메이저리그 선수로, 1941년 4할 기록을 달성하며 20세기 최후의 4할 타자가 되었다.

표치(0.47868…)로 하고, 3의 짝(r_3)은 파이의 소수점(0.14159…)으로 하자.

이제 칸토어의 규칙에 따라 p를 만들자. 소수점 첫자리 수는 r_1의 소수점 첫자리 수, 즉 4와 같아서는 안 된다. 따라서 3을 택해 p는 0.3…으로 시작한다. 그 후 p의 소수점 둘째 자리의 수를 r_2의 소수점 둘째 자리, 즉 7과 다른 수로 고른다(4를 택하면 p=0.34…). 마지막으로 p의 소수점 셋째 자리의 수를 r_3의 소수점 셋째 자리인 1을 피해 택한다(다시 4를 택하면 p=0.344…).

목록을 계속 적어 내려가면, ('대각화'라고 하는) 이 수학적 방법은 그 규칙상 목록상의 모든 실수와 적어도 소수점 한 자리가 다른, 0과 1 사이의 실수 p를 만든다. 따라서 그것은 목록에 있을 수 없다.

다른 말로 p는 (오렌지가 없는 사과처럼) 자연수 짝이 없는 실수다. 따라서 실수와 자연수 사이의 1대1 대응은 실패로 돌아가는데, 간단히 말해 실수의 수가 너무 많기 때문이다. 그들은 '셀 수 없을 만큼' 많다. 따라서 실수의 무한성은 자연수의 무한성보다 커진다.

"'더 크다'는 생각은 정말이지 혁신이었습니다." 온타리오 주 워털루대학교의 수학과 명예교수인 스탠리 버리스(Stanley Burris)는 말한다. "무한에 대한 이 기본적인 산수는 있었지만, 아무도 무한 안에서 분류를 할 생각은 하지 못했습니다. 그 이전에는 그저 일종의 단일한 물체였지요."

다트머스칼리지의 수학자 조지프 밀레티(Joseph Mileti)는 이렇게 덧붙인다. "처음 그 정리를 듣고 보았을 때, 저를 무릎을 꿇고 말았습니다. 간단하고 달콤하면서 너무나 놀라운 정리들이 더러 있는데, 바로 그런 경우였지요."

8-4 병에 숟가락을 넣으면 샴페인의 탄산을 유지할 수 있다

존 맷슨

새해 전날 스파클링 와인 병을 땄는데 다 비우지 못했다면, 남은 탄산을 짜릿하게 유지해줄 오래된 부엌의 비법이 있다.

간단하다. 티스푼을 그냥 손잡이를 아래로 해서 병에 넣으면 된다. 그 비법 덕분에 와인 병을 딴 후 냉장고에서 하루 이상 거품을 유지할 수 있었다는 경험담은 수많은 사람에게 들을 수 있다.

하지만 문제가 하나 있다. 기원은 불확실하지만 특히 유럽에 두루 퍼져 있는 듯한 그 스푼 비법이 아무래도 틀린 것 같다는 것이다.

"저는 그게 낭설이라고 생각합니다." 1944년에 티스푼의 보존력에 대한 연구로 잠시 외도한 스탠퍼드대학교의 화학자 리처드 제어(Richard Zare)는 말한다. 제어 부부와 음식 전문 저술가로 샌프란시스코 베이에어리어에 거주하는 해럴드 맥기(Harold McGee) 부부는 친구들과 더불어, 탄산 병 몇 개를 딴 후 다양한 보존 방법으로 26시간 동안 냉장하는 실험을 했다. 스푼을 사용한 방법도, 사용하지 않은 방법도 있었다. 그 후 샘플을 만들어 눈을 가리고 테스트했다. 결과는? 제어와 동료 실험자들은 스푼을 담근 병에서 탄산이 더 잘 보존되었다는 느낌을 전혀 받지 못했다. 텔레비전 프로그램인 〈호기심해결사〉에서도 좀 더 최근에 이루어진 소규모 연구를 통해 비슷한 결론에 이르렀다.

비록 제어의 연구가 다소 비공식적이긴 하지만, 그는 절차에 문제가 없었다고 믿는다. "맥기의 냉장고는 산 지 얼마 안 된 것이었어요." 그는 회상한다. "아주 좋은 냉장고였지요. 냄새 같은 것이 전혀 없었으니까요." 그리고 와인 병들은 모두 같은 지역 산이었고, 동일한 온도 조건에서 보관되었다. "우리는 그것을 정말로 아주 다양하게 테스트했습니다." 제어는 말한다.

더욱이 캘리포니아 실험 결과는 샴페인양조자협회(CIVC)의 연구자들이 비슷한 시기에 수행한 비슷한 실험 결과와 맞아떨어진다. 프랑스 샹파뉴(Champagne) 지역의 포도 재배업자와 와인 제조업자가 모여 만든 CIVC는 '샴페인'이라는 명칭에 담긴 지리학적 의미를 고수하고 있다. 다른 지역에서 나온 것은 스파클링 와인이다. "그 실험은 랭스 근방의 에페르네에서 동시에 생산된 샴페인을 대상으로 했고, 열린 병에 숟가락을 넣거나, 스토퍼로 막거나, [그리고] (병을 개봉한 다음에) 코르크로 막는 등 다양한 상황에서 압력을 측정했습니다." 화학자이자 식품 저널리스트인 에르베 티스(Hervé This)가 이메일로 알려온 내용이다. 티스는 그의 2006년 저서 《분자요리학(Molecular Gastronomy)》에서 그 연구를 묘사했다. "개봉한 후 마개로 막지 않은 병에서나 개봉한 후 스푼을 넣어둔 병에서나, 압력은 동일한 방식으로 줄었습니다. 한편 스토퍼나 코르크는 가스가 빠져나가는 것을 막았습니다." 그가 덧붙였다.

쟁그랑거리는 티스푼이 탄산을 보존하는 데 거의 혹은 전혀 도움을 주지 못한다면, 반쯤 마시고 난 샴페인 병은 어떻게 해야 할까? 아무런 특별한 스토퍼도 필요하지 않다고, 제어는 말한다. 그의 맛 실험에서 코르크로 막은 와인은 맛이 떨어졌다(그 맛 평가가 주관적이라는 것은 그도 인정한다). "차갑게 두세요. 사실 절대로 미지근하게 만들지 마세요. 그게 비결입니다." 그는 말한다. 이유는? 이산화탄소는 온도가 낮을 때 물을 포함한 많은 액체에서 더 잘 용해되므로, 차가운 액체는 용해된 탄산을 더 잘 유지한다. 일부 스파클링 와인은 이산화탄소로 너무 꽉 차 있어서 스토퍼 없이도 냉장고에서 며칠간 탄산을 유지할 수 있다고, 제어는 말한다. "처음부터 차갑게 유지하면 계속 부글거릴 겁니다." 그는 덧붙인다.

출처

1. The Animal Kingdom

1-1 Alison Snyder, "Chocolate Is Poisonous to Dogs", Scientific American Online, February 2, 2007.

1-2 Philip Yam, "Komodo Dragons Show That Virgin Births Are Possible", Scientific American Online, December 28, 2006.

1-3 Charles Q. Choi, "A Cockroach Can Live without Its Head", Scientific American Online, March 15, 2007.

1-4 John Matson, "UV Light Puts Spiders 'in the Mood'", Scientific American Online, March 29, 2007.

1-5 David Biello, "Cats Cannot Taste Sweets", Scientific American Online, August 16, 2007.

1-6 James Ritchie, "Elephants Never Forget", Scientific American Online, January 12, 2009.

1-7 Cynthia Graber, "Whale Waste Is Extremely Valuable", Scientific American Online, April 26, 2007.

1-8 Robynne Boyd, "For Baby Birds and other Critters, Human Touch Is Taboo", Scientific American Online, July 26, 2007.

1-9 Melinda Wenner, "Pets Protect Children against Allergies", Scientific American Online, August 30, 2007.

1-10 Anne Casselman, "Mushroom Outsizes Blue Whale as World's Largest

Organism”, Scientific American Online, October 4, 2007.

1-11 Tina Adler, “Dogs Can Talk”, Scientific American Online, June 10, 2009.

1-12 Ferris Jabr, “Squid Can Fly”, Scientific American Online, August 2, 2010.

2. Babies and Parents

2-1 John Matson, “Babies Resemble Their Fathers More Than Their Mothers”, Scientific American Online, June 18, 2011.

2-2 Katie Cottingham, “Artificial Reproduction Leads to Sickly Children”, Scientific American Online, July 1, 2010.

2-3 Katherine Harmon, “Fathers Can Get Postpartum Depression”, Scientific American Online, May 10, 2010.

2-4 Nikhil Swaminathan, “Males Can Lactate”, Scientific American Online, September 6, 2007.

2-5 Nikhil Swaminathan, “Babies Exposed to Classical Music End Up Smarter”, Scientific American Online, September 13, 2007.

2-6 Anne Casselman, “Men Have a Biological Clock”, Scientific American Online, June 26, 2008.

3. The Environment : Earth and Space

3-1 Meredith Knight, “If the Sky Is Green, Run for Cover—a Tornado Is

Coming", Scientific American Online, June 14, 2007.

3-2 Coco Ballantyne, "Smog Creates Beautiful Sunsets", Scientific American Online, July 12, 2007.

3-3 Robynne Boyd, "South of the Equator Toilets Flush and Tornadoes Spin Clockwise", Scientific American Online, June 26, 2007.

3-4 Charles Q. Choi, "The Earth Is Not Round", Scientific American Online, April 12, 2007.

3-5 John Matson, "Black Holes Sing", Scientific American Online, October 18, 2007.

3-6 Ciara Curtin, "Liven Up Your Flowers with Vodka and Citrus Sodas", Scientific American Online, February 14, 2007.

3-7 Ciara Curtin, "Living People Outnumber the Dead", Scientific American Online, March 1, 2007.

4. Technology

4-1 Ciara Curtin, "NASA Created a Million-Dollar Space Pen", Scientific American Online, December 20, 2006.

4-2 Larry Greenemeier, "White Computer Screens Consume More Energy Than Black Ones", Scientific American Online, September 27, 2007.

4-3 John Matson, "Leaving Fluorescent Lights on Saves Energy", Scientific

American Online, March 27, 2008.

4-4 Nikhil Swaminathan, "Helmets Are Car Magnets for Cyclists", Scientific American Online, May 10, 2007.

4-5 David Biello, "Premium Gasoline Delivers Premium Benefits to Your Car", Scientific American Online, January 18, 2007.

5. Health Habits

5-1 Sushma Subramanian, "Raw Veggies Are Healthier Than Cooked Ones", Scientific American Online, March 31, 2009.

5-2 Cynthia Graber, "Greasy Foods Equal Bad Skin", Scientific American Online, May 31, 2007.

5-3 Karen Bellenir, "Water, Part 1 : You Must Drink 8 Glasses of Water Daily", Scientific American Online, June 4, 2009.

5-4 Coco Ballantyne, "Water, Part 2 : Too Much Can Kill You", Scientific American Online, June 21, 2007.

5-5 Jonathan Scheff with reporting by Willa Austen Isikoff, "Antioxidant Supplements Help You Live Longer", Scientific American Online, June 6, 2008.

5-6 Coco Ballantyne, "Vitamin Supplements Improve Your Health", Scientific American Online, May 17, 2007.

5-7 Molly Webster, "Generic Drugs Are Bad for You", Scientific American Online, November 12, 2009.

5-8 S. M. Kramer, "Antiperspirants Do More Than Block Sweat", Scientific American Online, August 9, 2007.

5-9 Coco Ballantyne, "Antibacterial Products May Do More Harm Than Good", Scientific American Online, June 7, 2007.

6. The Body

6-1 Ciara Curtin, "Urinating on a Jellyfish Sting Will Ease the Pain", Scientific American Online, January 4, 2007.

6-2 Fran Hawthorne, "It's No Tall Tale, Height Matters", Scientific American Online, November 14, 2008.

6-3 Barbara Juncosa, "Circumcision Helps Prevent HIV Infection", Scientific American Online, December 1, 2008.

6-4 S. M. Kramer, "Underwire Bras Can Cause Cancer", Scientific American Online, April 19, 2007.

6-5 Melinda Wenner, "Cell Phones Can Cause Brain Cancer", Scientific American Online, November 21, 2008.

6-6 Corey Binns, "No Big Toe, No Go", Scientific American Online, May 3, 2007.

6-7 Coco Ballantyne, "Stress Causes Gray Hair", Scientific American Online, October 24, 2007.

6-8 John Matson, "Chewing Gum Takes Seven Years to Digest", Scientific American Online, October 11, 2007.

6-9 Karen Schrock, "Opera Singers Can Shatter Glass", Scientific American Online, August 23, 2007.

7. Mind and Brain

7-1 Charles Q. Choi, "Half a Brain Is Sometimes Better Than a Whole One", Scientific American Online, May 24, 2007.

7-2 Kayt Sukel, "The Bigger the Brain, the Smarter You Are", Scientific American Online, April 14, 2009.

7-3 Christie Nicholson, "Spring Fever Is a Real Phenomenon", Scientific American Online, March 22, 2007.

7-4 Christopher Mims, "Testosterone Alone Does Not Cause Violence", Scientific American Online, July 5, 2007.

7-5 Christie Nicholson, "Less Sleep Means More Dreams", Scientific American Online, September 20, 2007.

7-6 Robynne Boyd, "Waking a Sleepwalker Could Kill Them", Scientific American Online, April 5, 2007.

8. Miscellany

8-1 David Biello, "Archimedes Coined the Term 'Eureka!' in the Bath", Scientific American Online, December 8, 2006.

8-2 JR Minkel, "Turning a Wobbly Table Will Make It Steady", Scientific American Online, January 25, 2007.

8-3 John Matson, "Infinity Comes in Different Sizes", Scientific American Online, July 19, 2007.

8-4 John Matson, "A Spoon in the Bottle Keeps Champagne Bubbly", Scientific American Online, January 4, 2013.

저자 소개

니킬 스와미나탄 Nikhil Swaminathan, 과학 전문 기자

데이비드 비엘로 David Biello, 《사이언티픽 아메리칸》 기자

래리 그리너마이어 Larry Greenemeier, 《사이언티픽 아메리칸》 기자

로빈 보이드 Robynne Boyd, 환경 저술가

메러디스 나이트 Meredith Knight, 과학 전문 기자

멜린다 웨너 Melinda Wenner, 건강과학 전문 기자

몰리 웹스터 Molly Webster, 과학 전문 기자

바버라 준코사 Barbara Juncosa, 시트러스대학교 교수(생물학)

수시마 수브라마니안 Sushma Subramanian, 과학 저술가

시애라 커틴 Ciara Curtin, 과학 전문 기자

신시아 그래버 Cynthia Graber, 과학 전문 기자

앤 캐슬먼 Anne Casselman, 과학 전문 기자

앨리슨 스나이더 Alison Snyder, 《워싱턴포스트》 기자·과학 저술가

제임스 리치 James Ritchie, 과학 저술가

조너선 셰프 Jonathan Scheff, 과학 저술가

존 맷슨 John Matson, 과학 저술가

찰스 최 Charles Q. Choi, 과학 전문 기자

카이트 수켈 Kayt Sukel, 과학 및 여행 저술가

캐런 벨러니어 Karen Bellenir, 과학 저술가

캐런 슈록 Karen Schrock, 《사이언티픽 아메리칸》 기자

캐서린 하먼 Katherine Harmon, 과학 전문 기자

케이티 코팅엄 Katie Cottingham, 《사이언스》 기자

코리 빈스 Corey Binns, 과학 전문 기자

코코 밸런타인 Coco Ballantyne, 과학 전문 기자

크리스토퍼 밈스 Christopher Mims, 《월스트리트저널》 기자·과학 저술가

크리스티 니콜슨 Christie Nicholson, 과학 전문 기자·스토니브룩대학교 강사

티나 애들러 Tina Adler, 건강과학 전문 기자

페리스 자브르 Ferris Jabr, 과학 전문 기자

프랜 호손 Fran Hawthorne, 과학 전문 기자·과학 저술가

필립 얌 Philip Yam, 《사이언티픽 아메리칸》 기자

JR 민켈 JR Minkel, 《사이언티픽 아메리칸》 기자

S. M. 크레이머 S. M. Kramer, 과학 저술가

옮긴이_김지선

서울에서 태어나 서강대학교 영문학과를 졸업하고 출판사 편집자로 근무했다. 현재 번역가로 활동하고 있다. 옮긴 책으로 《세계를 바꾼 17가지 방정식》, 《수학의 파노라마》, 《흐름 : 불규칙한 조화가 이루는 변화》, 《희망의 자연》 등이 있다.

한림SA **06**

놀랍고도 유용한
58가지 기상천외 과학 상식 이야기

진실 혹은 거짓

2016년 9월 5일 1판 1쇄

엮은이 사이언티픽 아메리칸 편집부
옮긴이 김지선

펴낸이 임상백
기획 류형식
편집 김좌근
독자감동 이호철, 김보경, 김수진
경영지원 남재연

ISBN 978-89-7094-887-4 (03500)
ISBN 978-89-7094-894-2 (세트)

펴낸곳 한림출판사
주소 (03190) 서울시 종로구 종로 12길 15
등록 1963년 1월 18일 제 300-1963-1호
전화 02-735-7551~4
전송 02-730-5149
전자우편 info@hollym.co.kr
홈페이지 www.hollym.co.kr
페이스북 www.facebook.com/hollymbook

표지 제목은 아모레퍼시픽의 아리따글꼴을 사용하여 디자인되었습니다.